冬春季大棚薄膜（浮膜）+草苫+薄膜保温

大棚前面人行道

土壤旋耕

腐熟有机肥

浇水设备

辣椒穴盘育苗

辣椒冲施肥之后

辣椒定植后15天

辣椒对椒

辣椒初果期长势

辣椒标准化管理

辣椒营养液浇灌

棚室蔬菜管理技术丛书

棚室辣椒
土肥水管理技术问答

编著者

郎德山 李 祎 吕金浮 李培之

金盾出版社

内 容 提 要

本书以问答的形式,对棚室辣椒土肥水管理技术进行了介绍。内容包括:概述,棚室辣椒栽培土壤管理,棚室辣椒栽培肥料管理,棚室辣椒栽培水分管理,棚室辣椒各茬口土肥水管理技术,辣椒土传病害和生理病害防治等。文字通俗易懂,技术先进实用,可供广大菜农和基层农业技术推广人员学习使用。

图书在版编目(CIP)数据

棚室辣椒土肥水管理技术问答/郎德山等编著.--北京:金盾出版社,2012.1
(棚室蔬菜管理技术丛书)
ISBN 978-7-5082-7172-9

Ⅰ.①棚… Ⅱ.①郎… Ⅲ.①辣椒—温室栽培—土壤管理—问题解答②辣椒—温室栽培—肥水管理—问题解答 Ⅳ.①S626.5-44

中国版本图书馆 CIP 数据核字(2011)第 198789 号

金盾出版社出版、总发行
北京太平路 5 号(地铁万寿路站往南)
邮政编码:100036 电话:68214039 83219215
传真:68276683 网址:www.jdcbs.cn
封面印刷:北京印刷一厂
彩页正文印刷:北京天宇星印刷厂
装订:北京天宇星印刷厂
各地新华书店经销
开本:850×1168 1/32 印张:4.25 彩页:4 字数:76 千字
2013 年 2 月第 1 版第 2 次印刷
印数:8 001－12 000 册 定价:9.00 元
(凡购买金盾出版社的图书,如有缺页、
倒页、脱页者,本社发行部负责调换)

目 录

一、概述 …………………………………………………… (1)
1. 辣椒生育周期的划分标准及生产中应注意的问题是什么? ……………………………………… (1)
2. 棚室辣椒生长对温度的要求及生产中应注意的问题是什么? ……………………………………… (2)
3. 棚室辣椒生长对光照条件的要求及生产中应注意的问题是什么? ………………………………… (3)
4. 棚室辣椒生长对水分条件的要求及生产中应注意的问题是什么? ………………………………… (4)
5. 棚室辣椒生长对土壤条件的要求及生产中应注意的问题是什么? ………………………………… (6)
6. 棚室辣椒生长对肥料的要求及生产中应注意的问题是什么? …………………………………… (7)
7. 棚室辣椒生长对空气质量的要求及生产中应注意的问题是什么? ………………………………… (8)
8. 棚室辣椒生产中适宜选择的品种有哪些? …… (9)
9. 棚室辣椒进行育苗移栽的优势有哪些? …… (10)

二、棚室辣椒栽培土壤管理 ……………………………… (11)
1. 棚室辣椒栽培土壤管理中存在的问题有哪些? …………………………………………… (11)
2. 造成棚室辣椒栽培土壤污染的因素有哪些? … (11)
3. 如何消除辣椒土壤污染? ……………………… (12)

4. 什么是辣椒土壤肥力？生产中应注意什么
   问题？ …………………………………………… (14)
5. 如何解决棚室辣椒栽培土壤肥力失衡问题？ … (15)
6. 如何解决棚室辣椒栽培土壤耕层上移问题？ … (15)
7. 什么是棚室辣椒栽培土壤酸化？形成土壤
   酸化的原因及处理方法有哪些？ …………… (16)
8. 如何解决棚室辣椒栽培土壤的次生盐渍化
   问题？ …………………………………………… (17)
9. 如何增加棚室辣椒栽培土壤的透气性？ …… (19)
10. 为什么棚室辣椒要起垄栽培？ ……………… (20)
11. 土壤微生物对棚室辣椒生长有什么作用？ … (21)
12. 棚室辣椒秧苗定植土壤深度应掌握的原则
    是什么？ ……………………………………… (21)
13. 辣椒苗床育苗其床土应具有哪些特性？ …… (21)
14. 棚室辣椒育苗床土如何配制？ ……………… (22)
15. 能否用生物有机肥配制辣椒育苗床土？
    如何配制？ …………………………………… (23)
16. 早春棚室辣椒育苗床土如何配制？ ………… (24)
17. 辣椒育苗床土消毒方法有哪些？ …………… (24)
18. 棚室辣椒育苗播种后覆土多厚为宜？ ……… (25)
19. 如何防止辣椒苗"戴帽"出土？ ……………… (26)
20. 棚室辣椒基质栽培常用的基质有哪些？ …… (26)
21. 辣椒工厂化育苗基质如何配制？ …………… (28)
22. 造成棚室辣椒栽培土壤板结的原因有
    哪些？ ………………………………………… (28)

目 录

23. 如何解决辣椒生产中土壤板结问题？ ……… (29)
24. 棚室辣椒栽培进行土壤耕作的作用有
    哪些？ …………………………………………… (30)
25. 棚室辣椒栽培为什么要轮作换茬？ ………… (31)
26. 棚室辣椒栽培轮作换茬应注意什么问题？ … (32)
27. 棚室辣椒栽培如何防治连作障碍？ ………… (32)
28. 新建辣椒棚室如何进行土壤熟化处理？ …… (33)
29. 新建辣椒棚室如何进行土壤消毒处理？ …… (34)
30. 辣椒怎样采用泥炭土营养块育苗？ ………… (36)

三、棚室辣椒栽培肥料管理 …………………… (37)

1. 棚室辣椒栽培在施肥中存在哪些问题？ …… (37)
2. 棚室辣椒科学施肥的原则有哪些？ ………… (37)
3. 新建辣椒棚室如何施肥效果好？ …………… (38)
4. 棚室辣椒栽培常用肥料种类有哪些？如何
   区分酸碱性肥料？ …………………………… (38)
5. 棚室辣椒施肥的方法有哪些？ ……………… (40)
6. 棚室辣椒生产中施用有机无机混合肥有什么
   优点？ ………………………………………… (41)
7. 棚室辣椒生产上施用的微生物肥料有哪几类？
   其作用有哪些？ ……………………………… (41)
8. 棚室辣椒栽培施用微生物肥料有哪些特定的
   要求？ ………………………………………… (42)
9. 棚室辣椒生产中施用生物有机复合肥有哪些
   特点和作用？ ………………………………… (43)

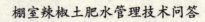

10. 棚室辣椒生产施用有机肥料有哪些优缺点？ ………………………………………… (44)
11. 棚室辣椒栽培有机肥与无机肥配合施用的好处是什么？ ……………………………… (45)
12. 什么是叶面肥？辣椒喷施叶面肥的作用和应注意的问题有哪些？ ……………………… (46)
13. 在辣椒生产中怎样科学施用中、微肥？ …… (47)
14. 棚室辣椒生产中怎样科学施用尿素肥料？ … (49)
15. 棚室辣椒生产中如何科学堆沤腐熟鸡粪、鸭粪等有机肥？ …………………………… (50)
16. 棚室辣椒生产中施用化学复合肥应注意哪些问题？ ……………………………………… (51)
17. 什么是控释肥？辣椒栽培是否适合施用控释肥？ ………………………………………… (51)
18. 辣椒的需肥特点是什么？ ………………… (52)
19. 什么是合理施肥？辣椒合理施肥的主要依据是什么？ ………………………………… (52)
20. 什么是辣椒营养临界期、临界值和营养最大效率期？ ………………………………… (53)
21. 辣椒生产中哪些肥料不能混用？ ………… (54)
22. 辣椒生产中是不是施肥越多产量越高？ …… (54)
23. 棚室辣椒生产中施肥误区有哪些？ ……… (55)
24. 棚室辣椒生产中科学施肥技术有哪些？ … (56)
25. 棚室辣椒生产中偏施化肥有哪些危害？ …… (57)

目 录

26. 棚室辣椒生产中施用未腐熟的鸡、鸭粪有什么
    弊端？ ………………………………………………（58）
27. 棚室辣椒生产中如何施用基肥？应注意什么
    问题？ ………………………………………………（58）
28. 棚室辣椒栽培如何采用敞穴施肥法？ ………（59）
29. 棚室辣椒生产中有肥效特别快的肥料吗？ …（60）
30. 棚室辣椒生产中施用植物生长调节剂的
    作用是什么？ ………………………………………（61）
31. 辣椒生产中液体肥料颜色越深、臭味越大，
    效果就越好吗？ ……………………………………（61）
32. 什么是冲施肥？棚室辣椒生产中施用冲施
    肥有什么好处？ ……………………………………（62）
33. 棚室辣椒栽培为什么要施用二氧化碳（CO_2）
    气肥？ ………………………………………………（63）
34. 棚室辣椒生产中施用二氧化碳气肥的
    方法有哪些？ ………………………………………（64）
35. 棚室辣椒生产中施用二氧化碳气肥应
    注意哪些问题？ ……………………………………（66）
36. 辣椒缺少氮肥的症状表现、发生原因及防治
    方法是什么？ ………………………………………（67）
37. 辣椒缺少磷肥的症状表现、发生原因及防治
    方法是什么？ ………………………………………（68）
38. 辣椒缺钾的症状表现、发生原因及防治
    方法是什么？ ………………………………………（69）

39. 辣椒缺钙的症状表现、发生原因及防治
    方法是什么？……………………………………（69）
40. 辣椒缺镁的症状表现、发生原因及防治
    方法是什么？……………………………………（70）
41. 辣椒缺锌的症状表现、发生原因及防治
    方法是什么？……………………………………（71）
42. 辣椒缺铁的症状表现、发生原因及防治
    方法是什么？……………………………………（71）
43. 辣椒缺硼的症状表现、发生原因及防治
    方法是什么？……………………………………（72）
44. 辣椒缺锰的症状表现、发生原因及防治
    方法是什么？……………………………………（72）
45. 辣椒缺钼的症状表现、发生原因及防治
    方法是什么？……………………………………（73）
46. 如何诊断与区别棚室辣椒缺素症？……………（73）
47. 棚室辣椒栽培中如何正确施用磷肥？…………（75）
48. 棚室辣椒生产中如何科学实施测土配方
    施肥？……………………………………………（76）
49. 棚室辣椒生产中为什么氮肥宜分次追施、
    磷肥宜集中深施？………………………………（77）
50. 棚室辣椒栽培中氨气危害症状表现、发生
    原因及防治方法是什么？………………………（77）

四、棚室辣椒栽培水分管理 …………………………（80）
1. 棚室辣椒栽培在水分管理上存在哪些问题？…（80）

目 录

2. 棚室辣椒生产中明水栽苗法和暗水栽苗法的栽植方法和特点是什么？ …………………………(80)
3. 棚室辣椒栽培采用大水漫灌有哪些弊端？ …(81)
4. 影响辣椒种子吸水的因素有哪些？ ……………(81)
5. 棚室辣椒栽培采用地膜覆盖为什么会增产？ …(82)
6. 棚室辣椒采用膜下浇水的优点有哪些？ ……(83)
7. 棚室辣椒栽培采用滴灌有哪些优点和缺点？ …(83)
8. 棚室辣椒栽培生产中常用的空气湿度调节方法有哪些？ …………………………………………(85)
9. 越冬茬棚室辣椒，空气湿度变化大易发生哪些病害？怎样防治？ …………………………………(86)
10. 棚室辣椒栽培进行中耕有什么好处？ ………(87)
11. 棚室辣椒生产中如何科学通风排湿？ ………(87)
12. 棚室辣椒生产中如何按照三看来浇水？ ……(88)
13. 棚室辣椒缓苗后需要立即浇水吗？冬季浇水应注意哪些问题？ ……………………………(89)
14. 棚室辣椒生产中春季如何浇水才能提高空气相对湿度？ ……………………………………(91)

五、棚室辣椒各茬口土肥水管理技术 …………(92)

1. 棚室辣椒栽培如何进行茬口安排？ …………(92)
2. 如何进行棚室辣椒冬春茬肥水管理？ ………(93)
3. 如何进行棚室辣椒秋延后茬肥水管理？ ……(94)
4. 如何进行棚室辣椒秋冬茬肥水管理？ ………(95)
5. 如何进行棚室辣椒越冬茬肥水管理？ ………(96)
6. 如何进行棚室辣椒早春茬肥水管理？ ………(98)

7. 如何进行棚室辣椒不同生长发育时期肥水管理？ ………………………………………… (99)

六、辣椒土传病害和生理病害防治 ……………… (101)
  1. 什么是辣椒土传病害？如何防治？ ………… (101)
  2. 什么是辣椒根结线虫？有什么危害？ ……… (102)
  3. 生产中怎样防治辣椒根结线虫？ …………… (103)
  4. 辣椒青枯病如何防治？ ……………………… (107)
  5. 辣椒猝倒病如何防治？ ……………………… (108)
  6. 辣椒根腐病如何防治？ ……………………… (109)
  7. 辣椒疫病如何防治？ ………………………… (110)
  8. 辣椒枯萎病如何防治？ ……………………… (111)
  9. 辣椒日灼病如何防治？ ……………………… (112)
  10. 辣椒脐腐病如何防治？ …………………… (113)
  11. 辣椒变形果如何防治？ …………………… (114)
  12. 辣椒落花、落果、落叶如何防治？ ……… (114)
  13. 辣椒沤根如何防治？ ……………………… (115)
  14. 辣椒烧根如何防治？ ……………………… (116)
  15. 辣椒烧苗如何防治？ ……………………… (117)
  16. 辣椒闪苗如何防治？ ……………………… (117)
  17. 辣椒僵苗如何防治？ ……………………… (118)
  18. 辣椒徒长苗如何防治？ …………………… (119)
  19. 辣椒生理性卷叶如何防治？ ……………… (120)
  20. 辣椒叶片扭曲如何防治？ ………………… (120)
  21. 辣椒僵果如何防治？ ……………………… (121)

一、概 述

1. 辣椒生育周期的划分标准及生产中应注意的问题是什么?

辣椒的生育周期包括发芽期、幼苗期、开花坐果期及结果期4个时期,各个时期对环境条件的要求不同,生产上应采取相应的管理措施,满足其需要,实现高产优质。

(1)发芽期 从种子发芽至第一片真叶出现为发芽期,时间为10天左右。发芽期幼苗根吸收能力很弱,养分主要靠种子供给。此期温度管理要掌握"一高一低"的原则,即出苗时温度要高,控制在25℃~28℃,苗出齐后温度要低,白天控制在20℃~25℃,夜间控制在18℃左右。

(2)幼苗期 从第一片真叶出现至第一个花蕾出现为幼苗期,时间为50~60天。幼苗期又分为两个阶段,即2~3片真叶以前为基本营养生长阶段,4片真叶以后为营养生长与生殖生长同时进行阶段。

(3)开花坐果期 从第一朵花现蕾至第一朵花坐果为开花坐果期,时间为10~15天。此期营养生长与生殖生长矛盾特别突出,主要通过控制水分、划锄中耕等措施调节营养生长与生殖生长、地上部分与地下部分生长的关系,达到生长与发育均衡。

(4)结果期 从第一个辣椒坐果至收获末期属结果期,此期时间较长为50~120天。结果期以生殖生长为主,并继续进行营养生长,因此需肥需水量很大。此期要加强肥水管理,创造良好的栽培条件,促进秧、果并旺,连续结果,以达到丰收的目的。

2. 棚室辣椒生长对温度的要求及生产中应注意的问题是什么?

辣椒属喜温作物,对温度的适应范围较广,既能耐高温,也能耐低温。不同生长发育时期,对温度要求不同。种子发芽的适宜温度为25℃~30℃,超过35℃或低于10℃均不能发芽。25℃条件下种子发芽需4~5天,15℃条件下种子发芽需10~15天,12℃条件下需20天以上,10℃以下则难以发芽。

出芽后应适当降温,白天保持20℃~22℃,不超过25℃,夜间以15℃~18℃为宜,以利于幼苗缓慢健壮成长。茎叶生长发育适宜温度白天为27℃左右,夜间为20℃左右,在此温度条件下,茎叶生长健壮。开花授粉期适温白天为20℃~27℃,夜间为16℃~21℃,低于15℃时植株生长缓慢,且难以授粉,易引起落花落果,高于35℃则花器发育不全或柱头干枯不能受精而落花;即使受精,果实也不能正常发育。果实发育和转色期,适宜温度为25℃~30℃。

总之辣椒生长发育的适宜温度为20℃~30℃,温度

一、概 述

低于15℃生长发育完全停止,持续低于5℃则植株可能受冻害,0℃时植株很易产生冻害。辣椒在白天温度为26℃~27℃、夜间为16℃~20℃条件下,白天有较强的光合作用,夜间能较快而且充分地把养分运转到根系、茎尖、花芽、果实等生长中心部位去,并且减少呼吸作用对营养物质的消耗。辣椒在生长发育时期适宜的昼夜温差为6℃~10℃。

生产中应注意,在保护地内温度过高需要通风降温时,在天气允许的情况下应早通风,使温度从高温到低温逐渐达到所需要的温度,这样逐渐过渡能有效地防止病毒病的发生。反之,若大棚内的温度上升到一定高度后,急于通风降温,使热气吹到辣椒植株上,很容易导致病毒病的发生。

3. 棚室辣椒生长对光照条件的要求及生产中应注意的问题是什么?

辣椒属喜光植物,除在发芽阶段不需要光照外,其他生育阶段都要求有充足的光照。幼苗阶段光照充足,幼苗的节间短、茎粗壮、叶片厚、叶色深,根系发达,抗逆性强,不易感病并且苗齐苗壮,因此生产中应注意在晴天通风透光。生长发育阶段光照充足,是促进辣椒枝叶茂盛,叶片厚,开花、结果多,果实发育良好,产量高的重要条件。

春季辣椒的育苗时期一般在11月份至翌年4月份,此期间的光照强度较弱,常常达不到辣椒的光饱和点,生产中应注意增加光照、培育壮苗。幼苗移栽后茎叶的生长发育与日照强度也密切相关。辣椒的光饱和点约为30 000勒,较耐弱光。4~10月份日照较强,强光照既能提高其同化率,也会因强光伴随高温而影响其生长发育。因此,在此期间适当降低日照强度反而会促进茎叶的生长,枝叶旺盛,叶片面积变大,结果数增多,果实发育也好。在不少地区经常采用辣椒和玉米或架豆间作的方式,对辣椒适当遮荫可获得高产,棚室辣椒生产可采用覆盖遮阳网遮荫。但光照也不能降低太多,否则会降低同化作用,导致茎叶发育不良,影响产量。辣椒开花坐果期如遇连阴雨天气,光照减少,结果率降低,果实膨大速度也很慢。

生产中应注意,辣椒虽然为中光性植物,只要温度适合,营养条件良好,光照时间的长或短,对开花、花芽分化影响不大,但在较短的强光照条件下,开花较早。连续阴天后突然转晴时,棚室内空气温度升高较快,叶片蒸腾作用突然增加,但是由于地温的升高较慢,此时地温相对较低,根系活动较弱,根的吸水能力相对不足,不能满足叶片蒸腾作用对水分的需要,造成辣椒生理性缺水,出现萎蔫,解决的办法是在天气突然转晴的早晨,适当控制光照,避免光照突然增加,并及时补充蒸腾所需的水分。

4. 棚室辣椒生长对水分条件的要求及生产中应注意的问题是什么?

辣椒既不耐旱,也不耐涝,对水分要求严格;同时辣椒不同品种需水量不同,一般小果型辣椒品种特别是干

一、概　述

椒比大果型甜椒品种耐旱,在生长发育过程中所需水分相对较少。辣椒在各生育期的需水量也不同,种子只有吸收充足的水分才能发芽,但由于种皮较厚,吸水速度较慢,所以催芽前先浸泡种子 6~8 小时,使其充分吸水。幼苗植株需水较少,若土壤水分过多,通气性差,根系发育不良,故植株生长纤弱、抗逆性差,利于病菌侵入,造成大量死苗。所以,在育苗期间苗床不要浇水,以控温降湿为主,并在晴天的中午揭开覆盖物,加强通风降湿。移栽后,植株生长量加大,需水量随之增加,此期内要适当浇水,以满足植株生长发育的需要,但仍要适当控制水分。初花期和果实膨大期,均需供给充足的水分。水分不足,极易引起落花落果,并且影响果实膨大,使得果面皱缩,缺少光泽,甚至果形弯曲。但是水分过多,会引起植株萎蔫,严重时成片死亡。

辣椒根系浅,分布范围小,吸水能力差,必须经常保持土壤水分适宜,但也怕涝,水浸数小时就黄萎枯死,因此生产上需小水勤浇。在气温和地温适宜的条件下,土壤含水量为 55% 时,坐果率可达 90%;土壤含水量为 35% 时,坐果率为 80%;土壤含水量为 15% 时,坐果率只有 54%。生产中应注意,辣椒以空气相对湿度保持 60%~80% 为宜,土壤含水量保持 80% 为宜。过高容易引起病害,过低对授粉受精不利。幼苗期,空气湿度过大,容易发生病害,初花期湿度过大会造成落花,盛花期空气过于干燥,也会造成落花落果。所以,应适当控制湿度,为辣椒的生长发育创造良好的条件。此外,辣椒对灌溉水的质量也有要求(表 1-1)。

表 1-1 辣椒灌溉水质量要求

项目		浓度限值
pH 值	≤	6.1～7.6
化学需氧量/(毫克/升)	≤	150
总汞/(毫克/升)	≤	0.001
总镉/(毫克/升)	≤	0.005[b]
总砷/(毫克/升)	≤	0.05
总铅/(毫克/升)	≤	0.10
铬(六价)/(毫克/升)	≤	0.10
氰化物/(毫克/升)	≤	0.50
石油类/(毫克/升)	≤	1.0
粪大肠菌群/(个/升)	≤	40000

5. 棚室辣椒生长对土壤条件的要求及生产中应注意的问题是什么?

辣椒对土壤的适应性较强,但以地势高燥,排水良好,土层深厚、肥沃富含有机质的壤土或沙壤土栽培为宜。生产中应注意,辣椒适宜的土壤 pH 值为 6.1～7.6,生产中应适时检测灌溉用水的酸碱度,并调节到辣椒生长适宜的 pH 值。因为辣椒的根群大部分在 20～30 厘米的表土层中,因此整地耕作时需要深翻 30～40 厘米,若耕作太浅,不利于根系向下伸展,而且肥料也容易流失。辣椒栽培土壤肥力条件分级如表 1-2 所示。

一、概 述

表 1-2 辣椒土壤肥力分级表

肥力等级	保护地菜田土壤养分测试值				
	全氮 %	有机质 %	碱解氮 毫克/千克	磷(P_2O_5) 毫克/千克	钾(K_2O) 毫克/千克
低肥力	0.10~0.13	1.0~2.0	60~80	100~200	80~150
中肥力	0.13~0.16	2.0~3.0	80~100	200~300	150~220
高肥力	0.16~0.26	3.0~4.0	100~120	300~400	220~300

6. 棚室辣椒生长对肥料的要求及生产中应注意的问题是什么？

辣椒对氮、磷、钾三要素要求较高，生长发育对氮(N)、磷(P_2O_5)、钾(K_2O)的要求比例为 1∶0.5∶1。此外，还需要钙、镁、铁、硼、铜、锰等多种微量元素。

幼苗期生长量小，需肥量也相对较小，但肥料质量要好，需要充分腐熟的有机肥和一定比例的磷、钾肥，以促进根系发达。辣椒幼苗期即开始花芽分化，氮、磷肥对幼苗发育和花的形成有较大影响，氮肥过量，易延缓花芽的发育分化；磷肥不足，则易使花的形成迟缓，花的数量减少，并形成不能结实的短柱花。定植缓苗后，对氮、磷肥的需求增加，合理施用氮、磷肥可促进根系发育，为植株旺盛生长打下基础。但氮肥施用过多，植株易发生徒长，推迟开花坐果期，而且枝叶嫩弱，容易感染病毒病、疮痂病及疫病。进入坐果期，氮肥的需求量逐渐加大，到盛花和盛果期达到高峰。氮肥供分枝长叶，磷、钾肥促进植株根系生长和果实膨大,以及增加果实的色泽。辣椒的辣味受氮、磷、钾肥的影响,氮肥多、磷、钾肥少时,辣味降低;氮肥少,磷、钾肥多时,则辣味浓。大果型品种如甜椒类型需氮肥较多,小果型品种需氮肥较少。

生产中应注意,辣椒为多次成熟、多次采收作物,采收期较长,需肥量较多,故除了施足基肥外,还应采收1次施肥1次,以满足植株的旺盛生长和开花分蘖的需要。在施用氮、磷、钾肥的同时,还可根据植株的不同生长发育阶段的生长情况施适量钙、镁、铁、硼、铜、锰等多种微肥,预防各种缺素症。

7. 棚室辣椒生长对空气质量的要求及生产中应注意的问题是什么?

辣椒种子和根系对空气要求较高,特别是氧气对种子发芽影响很大。如果浸种时间过长,催芽时供氧不足、播种后土壤或培养土板结或含水量过大等因素造成土壤中氧气的含量低于10%,辣椒种子就不发芽。如果土壤中的二氧化碳含量过高,对辣椒根系有毒害作用,会使根系生长发育受阻。因此,辣椒生长要求土壤有良好的通透性。二氧化碳是植物光合作用所必需的原料,空气中二氧化碳含量较低,在保护设施内人工释放二氧化碳,可使辣椒产量成倍增加。辣椒开花授粉期间,需要一定的空气流通条件,才能更好地完成授粉受精过程,提高坐果率,减少畸形果率。生产中应注意,棚室辣椒栽培一定要在上午通风换气,以促进开花、散粉,增加坐果率。辣椒对环境空气质量要求如表 1-3 所示。

表 1-3 辣椒对环境空气质量要求

项目		浓度限值	
		日平均	1 小时平均
总悬浮颗粒物(标准状态)/(毫克/米³)	≤	0.30	
二氧化硫(标准状态)/(毫克/米³)	≤	0.15	0.50
氟化物(标准状态)/(毫克/米³)	≤	7	

注：日平均指任何 1 日的平均浓度；1 小时平均指任何 1 小时的平均浓度。

8. 棚室辣椒生产中适宜选择的品种有哪些？

（1）甜椒类型　中椒 12、德国 6 号、美国绿塔、大吉星、女王星、甜杂 6 号、圣方周、农大 40、美国厚皮大甜椒、安达来、中椒 8 号、苏椒 4 号、中椒 5 号等品种。

（2）微辣型　豫椒 5 号、农研 13 号、沈椒 9016、洛椒 4 号、辽椒 4 号、寿光羊角椒、三木特大黄皮羊角椒、新丰 4 号等品种。

（3）丰辣类型　中椒 13 号、寿光特大羊角椒、早丰、尖椒 204、尖椒 827、牛角王椒、红大、丰满、保加利亚羊角椒、新丰 3 号、农大 21、沈椒 4 号、晋尖椒 1 号、朝天椒等品种。

（4）彩椒类型　白公主、考曼奇、白玉、黄欧宝、红英达、麦卡比、紫贵人等品种。

目前，荷兰、以色列的大型彩色甜椒在保护地内的栽培面积逐渐增大。

9. 棚室辣椒进行育苗移栽的优势有哪些?

第一,育苗移栽有利于培育壮苗,获得辣椒早熟、优质、高产。

第二,育苗移栽有利于提高土地的利用率,确保辣椒周年生产,均衡供应市场,提高效益。

第三,育苗移栽便于集约化管理,统一水分、肥料配比管理及苗期病害防治,保证丰产、稳产。

第四,育苗移栽有利于减少辣椒的占地时间,便于合理安排种植茬口。

第五,育苗移栽可节约辣椒种子用量,降低成本。

第六,育苗移栽可减少辣椒部分病害的传播。

二、棚室辣椒栽培土壤管理

1. 棚室辣椒栽培土壤管理中存在的问题有哪些？

随着机械化发展，现在棚室辣椒耕作一般采用旋耕，由于旋耕深度较浅，连年采用旋耕会使土壤耕层上移，土壤的自动调节能力下降，同时由于辣椒连作栽培，土壤中的病害、肥害等增加。因此，棚室辣椒种植4~5年后便开始出现土壤障碍，主要表现为土壤保肥保水能力下降，土壤逐渐酸化、盐化，严重时土壤表层会出现白霜、铜青绿色斑纹斑点、甚至出现棕褐色的现象。除此之外，土壤污染、肥力失衡、板结、土传病害、土壤耕层上移、土壤质量下降、根结线虫增多、肥料施用不合理等诸多方面问题也在实际生产中不同程度地出现，严重影响辣椒生产。

2. 造成棚室辣椒栽培土壤污染的因素有哪些？

土壤具有一定的自净能力，对进入土壤中的污染物通过复杂多样的物理、化学及生物化学过程，使其浓度降低、毒性减轻或者消失。但土壤自净能力是有限的，如果利用不当，大量有害物质进入土壤后，就会导致土壤自净能力的衰竭甚至丧失,形成土壤污染。造成棚室辣椒土壤污染的因素主要有以下几种。

(1)污水灌溉　用未经处理或未达到排放标准的工业污水灌溉农田是污染物进入棚室土壤的主要途径。

(2)过量施用化肥　施用化肥是农业增产的重要措施,但不合理的施用,也会引起土壤污染。长期大量施用氮肥,会破坏土壤结构,造成土壤板结,而且生物学性质发生恶化,影响辣椒的产量和质量。过量地施用硝态氮肥,会使辣椒体内累积过多的亚硝酸盐,严重影响人类健康。

(3)过量施用农药　农药施用不当,也会引起土壤污染。喷施于植株体上的农药,除被辣椒吸收或逸入大气外,约有一部分散落于农田土壤,这一部分农药与直接施用于田间土壤的农药构成农田土壤中农药污染来源。同时,辣椒从土壤中吸收农药,在其根、茎、叶和果实中积累,危害人体的健康。

(4)地膜污染　地膜覆盖在实现辣椒大幅度稳产高产的同时,也产生了大量不溶解、不腐烂的废旧、残留农膜。土壤中的废弃地膜会破坏耕作层的土壤结构,使土壤孔隙减少,通气性和透水性降低,土壤中微生物的活力受到限制,同时不利于水分和营养物质在土壤中的传输,影响辣椒对水分和营养物质的吸收,阻碍辣椒种子发芽、出苗和根系生长,造成辣椒减产。

3. 如何消除辣椒土壤污染?

(1)采用干净无污染水灌溉　工业废水种类繁多,成

二、棚室辣椒栽培土壤管理

分复杂,有些工厂排出的废水可能是无害的,但与其他工厂排出的废水混合后,就变成有毒的废水。因此,在利用废水灌溉棚室辣椒之前,应按照无公害蔬菜灌溉水质量规定的标准进行净化处理。这样,既利用了污水,又避免了对土壤的污染。

(2)科学使用农药 科学使用农药,不仅可以减少对土壤的污染,还能经济有效地消灭病、虫、草害,发挥农药的积极效能。在生产中,不仅要控制化学农药的用量、使用范围、喷施次数和喷施时间,提高喷洒技术,还要改进农药剂型,严格禁止剧毒、高残留农药的使用,重视低毒、低残留农药的开发利用。

(3)合理施用肥料 根据土壤的特性、气候状况和辣椒生长发育特点,科学配方施肥,严格控制化肥的用量,增施有机肥,提高土壤有机质含量,可增强土壤胶体对重金属和农药的吸附能力;同时,增施有机肥还可以改善土壤微生物的生物活性,扩大生物群落,加速生物降解过程。

(4)清除废地膜 及时清理田间废弃地膜,并集中销毁。

(5)采取改良措施 在受重金属轻度污染的土壤中施用抑制剂,可将重金属转化成为难溶的化合物,减少辣椒的吸收。常用的抑制剂有石灰、碱性磷酸盐、碳酸盐和硫化物等。对于已污染的土壤,要采取一切有效措施,清除土壤中的污染物,控制土壤污染物的迁移转化。重金属和有机化学物质对土壤的污染需要较长的时间才能降解,积累在污染土壤中的难降解污染物则很难靠稀释作用和自净作用来消除,仅仅依靠切断污染源的方法也很难恢复,有时要靠换土或淋洗土壤等方法才能解决污染问题,其他治理技术见效较慢。因此,治理土壤污染通常成本较高,周期较长。

4. 什么是辣椒土壤肥力?生产中应注意什么问题?

在辣椒正常生长发育的全过程中,土壤不间断地供给辣椒最大量有效养分和水分,并协调水、肥、气、热条件的能力,叫做土壤肥力。土壤肥力是土壤的本质特征,土壤中几乎含有辣椒必需的所有营养元素,但是其中只有一少部分溶解在土壤溶液中被辣椒吸收利用。

在生产中应注意的是,施肥时首先要了解土壤的供肥能力,但由于土壤肥力是土壤物理、化学、生物和环境因素的综合表现,目前还无法用确切的数量指标来表达土壤的肥力水平,所以通常把辣椒种植在不施任何肥料的土壤上所得的产量,即空白产量,作为土壤肥力的综合指标。一般来说,空白产量高,说明土壤供肥能力强,肥力高;反之,土壤供肥能力弱,肥力低。对于肥力低的土壤,可大量施用有机肥,并配合施用化肥,或施用有机无机复合肥,来提高土壤的供肥能力。辣椒栽培土壤肥力处于动态变化之中,既受自然气候等条件影响,也受栽培辣椒季节、耕作管理、灌溉施肥等农业技术措施的制约。生产上,能为辣椒即时利用的自然肥力和人工肥力叫"有效肥力",不能即时利用的叫"潜在肥力"。潜在肥力在一

二、棚室辣椒栽培土壤管理

定条件下可转化为有效肥力。

5. 如何解决棚室辣椒栽培土壤肥力失衡问题?

生产中由于忽视了有机肥、无机肥、氮、磷、钾肥、中量、微量元素等的配合施用,致使目前大多数设施辣椒栽培土壤出现土壤肥力失衡问题,严重影响辣椒产量和品质的提高。肥力失衡主要表现为 有机、无机失衡,氮、磷、钾失衡,中、微量元素失衡,土壤微生物区系失衡。针对棚室辣椒栽培土壤肥力失衡的表现形式,主要采取以下几种解决途径。

第一,棚室辣椒栽培中配合施用秸秆、猪粪和鸡粪等有机肥料。

第二,棚室辣椒栽培中注意氮、磷肥配合,平衡施肥。

第三,棚室辣椒栽培中中、微量元素配合施用。

第四,微生物区系失衡的原因可能是由于连作所引起,所以棚室辣椒栽培应实行轮作换茬。

第五,采用生物土壤添加剂等可有效调控和预防土壤肥力失衡。

6. 如何解决棚室辣椒栽培土壤耕层上移问题?

近年来,棚室辣椒的土壤耕作,多以旋耕机旋耕为主,操作方便,省工省时,但这种方法耕作深度一般为10厘米左右,长期运用,造成土壤耕层逐渐变浅上移,土壤的物理性能不断恶化,土壤容重增加,土壤孔隙度减少,形成10厘米左右厚度的坚硬犁地层,造成土壤肥力不足,蓄水能力降低,使辣椒的生长和抗旱能力及抵御自然灾害的缓冲性能明显下降。应采取相应措施加以解决。一是运用其他农业机械,并结合人工,尽量增加耕翻深度,扩大深耕面积。在上茬作物收获后,抓紧进行机械或人工耕翻,防止跑墒,对于土层深厚的高产田,耕深要达到25厘米以上。二是深耕和耙地相结合,切实做到边耕翻边耙耢,要耙透、耙实、耙平、耙细,消灭明暗坷垃,切忌深耕浅耙。三是深耕不需要每年进行,生产中每旋耕2~3年进行1次深耕即可满足需要。

7. 什么是棚室辣椒栽培土壤酸化?形成土壤酸化的原因及处理方法有哪些?

棚室辣椒栽培,土壤之所以有酸碱性,是因为在土壤中存在少量的氢离子和氢氧根离子。当氢离子的浓度大于氢氧根离子的浓度时,土壤呈酸性;反之,呈碱性;两者相等则为中性。土壤酸碱性的强弱,叫做酸碱度,通常用pH值来表示。pH值等于7为中性,小于7为酸性,大于7为碱性。

棚室辣椒栽培土壤酸化是土壤物质循环失衡的表现。在土壤酸碱度指标上,酸化土壤的pH值在6.5以下,由于辣椒和微生物适宜微酸性、中性或微碱性环境,最适pH值为6.1~7.5。土壤酸化后,宜种性变窄,产量下降,肥力衰退,营养元素的吸收和土壤微生物活性受到

二、棚室辣椒栽培土壤管理

抑制,导致一些生理性病害及侵染性病害的发生。

土壤酸化发生的原因是,菜农未按作物需肥规律科学施肥,致使有机肥施用量少,化学氮肥施用量增加,尤其是在温室大棚栽培的特定条件下,导致土壤严重酸化;同时,施用酸性及生理酸性肥料也会降低土壤的 pH 值,如过磷酸钙和生理酸性肥料氯化铵、氯化钾、硫酸钾等,施用后土壤酸度增加,长期大量偏施这些肥料,往往导致土壤酸化。

土壤酸化处理的方法目前生产中主要是采取施用碱性或生理碱性肥料,中和酸性。对 pH 值为 5.5~6 的土壤,应全面推行施用碱性或生理碱性肥料如草木灰、钙镁磷肥等,以中和部分酸性,提高 pH 值。对 pH 值≤5.5 的土壤,每 667 米^2 施生石灰 50 千克中和酸性。同时,生产中应注意施用有机肥,提高土壤的酸碱缓冲性能,减缓土壤酸化的程度;并采取测土施肥,科学的控制化肥,尤其是氮肥的用量。

8. 如何解决棚室辣椒栽培土壤的次生盐渍化问题?

棚室土壤次生盐渍化问题,主要是不合理施肥等主观因素造成的。棚室辣椒生产具有高投入高产出的特点,农户为了获得较高的产量和经济效益,受"施肥越多产量越高"观念的影响,往往盲目、超量施用化肥。

在生产中主要采取以下几项措施加以解决。

(1) 配方施肥　根据辣椒的需肥规律、土壤供肥能力,在施用有机肥的前提下,提出氮、磷、钾等主要元素的用量及比例,做到因地块合理计量施肥。在计算应施肥料数量时,必须确定合适的目标产量并考虑到当地条件下的肥料利用率。

(2)增施有机肥和有机物料　有机肥和有机物料富含各种养分和生理活性物质,能改善土壤物理结构,提高微生物活性,保持土壤肥力。适量的猪粪、鸡粪、稻草、豆秸、玉米秸秆等均可起到减轻和防御土壤盐分表层聚集的作用,进而改善土壤的理化特性,促进连作辣椒生长。但要注意的是在棚室内长期大量使用动物粪肥、垃圾肥也会造成土壤酸化和表层盐分积累。

(3)施用新型肥料　新型肥料目前主要有生物菌肥等产品,施用生物有机肥既能改善土壤结构和理化特性,改进土壤养分状况,增进土壤肥力,又能增加土壤微生物总量,提高微生物活性。试验证明,EM生物制剂与有机肥混用可有效地减轻辣椒连作障碍。

(4)地面覆盖　棚室土表用地膜或切碎的秸秆覆盖,可以减少水分蒸发,而且蒸发的水分在地膜内表面凝结形成水滴,重新落回地面可以洗刷表土盐分,防止表层土壤盐分积累。

(5)生物除盐　利用棚室夏季高温休闲期种植生长速度快、吸肥能力强的苏丹草或玉米等,可从土壤中吸收大量游离的氮素,从而降低土壤溶液的浓度。

(6)深翻和灌水　利用土壤休闲期深翻,使含盐多的表层土与含盐少的深层土混合,起到稀释耕层土壤盐分

二、棚室辣椒栽培土壤管理

的作用。

9. 如何增加棚室辣椒栽培土壤的透气性？

土壤透气性是评价土壤好坏的一项重要指标,是影响根系发育的重要因素。生产中增加棚室辣椒土壤透气性的措施有以下几项。

(1)增施有机肥　增施有机肥、提高棚室辣椒土壤中有机质含量,是提高土壤透气性的根本措施。有机质含量高,土壤疏松,土壤的透气性就好。山东地区多数土壤的有机质含量在1%左右,而适合棚室辣椒生长的土壤有机质含量应在2%以上。因此,增施有机肥对改良土壤、提高土壤透气性是十分必要的。有机质含量提高能促进土壤微生物活性,微生物的活动,既疏松了土壤,也产生一些促进根系生长的物质,对根系的生长有利。

(2)合理浇水　传统的浇水方法对土壤有侵蚀、压实的副作用,大水漫灌容易使土壤内的空气被挤出,土壤的团粒结构被破坏,不利于土壤保肥保水。浇水后,土壤表层板结,需要中耕松土,恢复土壤的透气性。而在棚室辣椒生长起来后,中耕松土不易进行,土壤板结也就无力打破。因此,棚室辣椒应采用滴灌方法合理浇水,使棚内土壤更加疏松,透气性更好。

(3)合理划锄　辣椒定植后,要注意勤划锄,增强土壤透气性,有利于蔬菜根系的生长。每隔5～7天划锄1遍,并且每次浇水后,都要及时划锄。划锄时注意不能过深,过深土壤易结块,但也不能过浅,太浅效果不好,划锄深度以3~5厘米为宜。

(4)重施生物菌肥 经过长时间的连作种植,土壤中有害微生物逐渐积累,而有益微生物则相对减少。施用生物菌肥可以促使土壤中的有益微生物重新占据优势,而且很多有益微生物本身就具有改良土壤、提高土壤透气性的作用。

(5)采取垄作 垄作可以增大土壤和空气接触面积,提高气体含量。

(6)地面覆盖 采取地面覆盖可防止水分蒸发散失,保持土壤物理性质,使土壤疏松透气。

10. 为什么棚室辣椒要起垄栽培?

棚室辣椒栽培一般采取垄作,垄高15~20厘米,小行距35~40厘米,大行距60厘米,穴距30厘米,每穴2株,种植2行,每667米^{2}栽植3 300~3 500穴(甜椒一般每穴1株)。起垄栽培有以下好处。一是有利于土壤耕作层透气和辣椒根系的呼吸。二是能加大土壤耕作层的昼夜温差,有利于促进苗壮和花芽分化,并能有效抑制棚室辣椒的徒长,促进壮秧,以达到增产早熟的目的。三是便于浇水和冲施肥料,尤其便于大、小行距间隔沟浇水和交替冲施肥料,容易控制浇水量和减少肥料的浪费,而且在深冬季节能够有效降低空气相对湿度。

二、棚室辣椒栽培土壤管理

11. 土壤微生物对棚室辣椒生长有什么作用？

棚室辣椒某些根际微生物能够产生维生素、氨基酸或生长素,这些物质不但刺激其他一些根际微生物的生长,而且对棚室辣椒的生长起到促进作用；根际微生物能够分泌抗生素类物质,有助于棚室辣椒避免土传性病原的侵染,增强辣椒对某些病害的抵抗力。此外,一些根际微生物还会对三价铁离子形成超强络合力的化合物,从而改善铁素的营养吸收,促进辣椒生长。

12. 棚室辣椒秧苗定植土壤深度应掌握的原则是什么？

辣椒苗移栽的定植深度一般比原苗床应深些,但具体要看植株形态、土质、栽培季节及栽培方式等因素。栽植过深或过浅,都不利于秧苗成活。营养钵育苗移栽易深些,栽浅了易悬脚受干旱,菜农有"茄果类露坨,辣椒没脖"的说法。辣椒根深,需培土防止倒伏,所以定植宜深。在高温季节或干旱地区栽植宜深些,对于徒长苗可以进行斜栽。

13. 辣椒苗床育苗其床土应具有哪些特性？

(1) 良好的化学性 苗床上适宜的 pH 值为 6.1～

7.6,过酸、过碱都会阻碍秧苗的生长发育。有机物质应充分腐熟,不含有影响秧苗生长以及根系发育的有毒害的化学物质。

(2)富含矿质营养和有机质 苗床土应营养丰富全面。一般要求有机质含量为1.5%~3%,全氮含量为0.8%~1.2%,速效氮含量100~150毫克/千克,速效磷不低于200毫克/千克,速效钾含量不低于100毫克/千克。

(3)良好的持水性和通透性 优良苗床土必须是浇水后不板结,干燥时表面不裂纹,保肥保水能力强,制成土坨后不易散坨。所以,要求床土总孔隙度不低于60%,其中大孔隙度为15%~20%,小孔隙度为35%~40%,土壤容重为600~1000千克/米^3。

(4)良好的生物性 苗床土应富含有益的微生物,并不带有病原菌和害虫等有害物质。总之,辣椒育苗床土要具备营养成分全,透气性能好,保水能力强的特点。

14. 棚室辣椒育苗床土如何配制?

棚室辣椒育苗床土配制应把握好以下几点。

(1)床土配制时间 育苗床土最好在育苗前20~30天配制好,并将配制好的育苗床土堆放在棚内,使有害物质发酵分解。

(2)床土配制数量 一般每株辣椒苗需准备育苗床土400~500克,每立方米育苗床土可育苗2300株左右,

二、棚室辣椒栽培土壤管理

每 667 米^2 大棚辣椒需育苗 2 800～3 000 株,共需育苗床土 1.5～2 米^3。

(3)配料准备　育苗床土由园土、有机质及化肥、农药配制而成。园土一般从最近 3～4 年内未种过茄果类蔬菜的园地或大田中挖取,土要细,并筛去土内的石块、草根以及杂草等物。有机质通常选用质地疏松并且经过充分腐熟的有机肥,适宜的有机肥有马粪、羊粪等,也可以用树林中的地表草土、食用菌栽培废物等。鸡粪质地较黏,疏松作用差,而且容易腐生线虫、地蛆等地下害虫,不宜采用。有机肥要充分与土混拌。化肥、农药按照每立方米育苗床土使用复合肥 1 000～2 000 克或硫酸铵和磷酸二氢钾各 1 000～1 500 克,50% 多菌灵可湿性粉剂 200 克、40% 辛硫磷乳油 200 毫升的比例准备。注意不能使用尿素、碳酸氢铵和磷酸二铵,也不宜使用质量低劣的复合肥育苗,因这些化肥均有较强的抑制幼苗根系生长和烧根的作用。

(4)床土配制方法　将田土与有机质按体积 4∶6 进行混合。混合时,将化肥和农药混拌于土中,辛硫磷为乳剂,应加少量水,配成高浓度的药液,用喷雾器均匀喷洒到育苗土中。配好的育苗土不要马上用来育苗,应培成堆,并用塑料薄膜捂盖严实,堆放 7～10 天后方可使用。

15. 能否用生物有机肥配制辣椒育苗床土? 如何配制?

能用生物有机肥配制辣椒育苗土。其配制方法为用生物有机肥 1 份,与肥沃的菜园土 10 份混合均匀,过筛,并加入适量的氮、磷、钾速效养分。速效养分的添加量应控制在育苗土中速效氮 150~300 毫克/千克、磷 200~500 毫克/千克、钾 400~600 毫克/千克。育苗土中添加化肥的量可根据其有效养分含量推算,一般 100 千克育苗土应添加硫酸铵 500 克、过磷酸钙 1 000 克、硫酸钾 1 000 克,添加的速效养分要与育苗土混合均匀,以免出现局部养分浓度过高,抑制幼苗的生长。

16. 早春棚室辣椒育苗床土如何配制?

早春棚室辣椒育苗营养土配制,首先要考虑早春温度较低,生产中辣椒育苗土应注意添加热性肥料来提高土壤的温度。营养土可选用园土 6 份、腐熟的有机肥 3 份、腐熟的马粪 1 份,在营养土中加适量的过磷酸钙、磷酸二铵。营养土配好后一定要消毒。生产上常用 50% 多菌灵可湿性粉剂拌土,每立方米用量 80~100 克,并充分混匀,可防治苗期猝倒病、立枯病等。其次,要考虑辣椒根系再生能力弱,最好采用塑料营养钵育苗,将准备好的营养土在温暖处堆放 7~10 天后装钵,以营养土面离钵口约 2 厘米为宜,摆好营养钵,覆盖地膜以提高地温。

17. 辣椒育苗床土消毒方法有哪些?

辣椒育苗床土消毒方法主要有以下 2 种。

二、棚室辣椒栽培土壤管理

(1)**物理消毒** 主要采用太阳能消毒、蒸汽消毒等。太阳能消毒法是在播种前,将苗床土用薄膜覆盖好,晴天土壤温度可升至50℃~60℃,密闭15~20天,可杀死土壤中的多种病原微生物。蒸汽消毒,对预防猝倒病、立枯病、枯萎病、菌核病等有良好的效果,为欧美国家常采用的床土消毒法。具体做法是,将备用的床土堆积并覆盖薄膜,然后通蒸汽,利用产生的高温消毒,一般持续7天,这种方法消毒没有任何毒害产生。

(2)**药剂消毒** 常用药剂有甲醛、井冈霉素、甲基硫菌灵、多菌灵、敌百虫等。配制营养土时,每立方米营养土加入70%甲基硫菌灵可湿性粉剂或50%多菌灵可湿性粉剂100克,或90%敌百虫晶体20克,或用0.5%甲醛溶液喷洒床土,混合均匀后密封堆置5~7天,然后揭开薄膜使药剂气味挥发即可使用,能有效地防止苗床猝倒病和菌核病等。

18. 棚室辣椒育苗播种后覆土多厚为宜?

棚室辣椒育苗播种后,覆土时间的早晚、土粒的粗细和覆土的厚薄,都会影响出全苗和培育壮苗。一般应在浇水播种后,等水渗干再覆土。覆土以团粒结构好、有机质丰富、疏松透气不易板结的土壤为宜。覆土厚度以0.5~1厘米为宜。如果覆土太薄,容易出现种子"戴帽"出土,严重影响幼苗质量;如果覆土太厚,延长发芽时间,降低苗的质量。

19. 如何防止辣椒苗"戴帽"出土？

造成戴帽出土的原因很多，如种皮干燥，或所覆盖的土太干，致使种皮变干，或覆土过薄使土壤挤压力小，或出苗后揭覆盖物过早或在晴天中午揭膜，致使种皮在脱落前变干，或地温低，导致出苗时间延长，或种子生活力弱等。防止辣椒苗"戴帽"出土的主要措施：

第一，营养土要细碎，播种前要浇足底水。浸种催芽后再播种，避免干籽直播。播种后覆盖潮湿细土，不要覆盖干土。覆土不能过薄，以 0.5～1 厘米为宜，并切记厚度要一致。

第二，必要时在播种后覆盖无纺布、碎草保湿，使苗床土从种子发芽至出苗期间保持湿润状态。幼苗刚出土时，如苗床土过干要立即用喷壶洒水，保持床土潮湿。

第三，发现有覆土太浅的地方，可补撒一层湿润细土。

第四，发现戴帽苗，可用手将种皮摘掉，操作要轻，切不可硬摘。

20. 棚室辣椒基质栽培常用的基质有哪些？

(1) 无机基质　①河沙。利用清洗过的河沙筛选后装入基质袋中（一般用 0.1 毫米厚、70 厘米宽的白色聚乙烯筒式塑料袋）或栽培槽。②炉渣。将炉渣粉碎，水洗后装入基质袋中，或栽培槽。③砾石。一般铺设栽培槽的

二、棚室辣椒栽培土壤管理

底部,上部填入河沙或炉渣等。④珍珠岩。呈颗粒状,颜色洁白且体质轻盈,排水透气性比泥炭好,因此常配合泥炭使用,还可用来混合其他介质。需大量使用时,采用颗粒较大的珍珠岩比较好。⑤蛭石。颗粒不大,质地轻盈,是一种物理特性介于泥炭和珍珠岩之间的栽培介质,常被用来与泥炭混合使用。⑥岩棉。新岩棉的pH值比较高,加入适量酸,pH值即可降低。

(2)有机基质 ①泥炭。又称草炭、泥煤。②稻壳。稻壳分经过炭化的稻壳和未经炭化的稻壳。未经炭化稻壳的通气性较佳,充气孔隙度为53%左右,容水量为45%,总体密度为0.009克/毫升。经过炭化的稻壳总体密度为0.1克/毫升,充气孔隙度为34%,容水量为64%。炭化的过程使稻壳粒子破裂,因此密度增加,降低通气性。③树皮。树皮的溶质接近泥炭,与泥炭相比,阳离子交换量和持水量比较低,但碳氮比率较高,是一种比较好的基质材料。它具有良好的物理性质,能够部分代替泥炭作为栽培基质。新鲜树皮应通过堆腐或淋洗来降解毒性。④棉籽壳。也可以是经过处理的生产蘑菇的下脚料。⑤椰子壳。经过高温处理。⑥木屑。木屑和树皮有类似的性质,但较容易分解沉积,而过于致密不易干燥。使用时应通过堆腐或淋洗来降解毒性。

(3)混合基质 ①草炭:珍珠岩:蛭石=3:1:1。②泥炭:珍珠岩=3:1或1:1。③泥炭:河沙=3:1或1:3或1:1。④泥炭:珍珠岩:蛭石=1:1:1。

21. 辣椒工厂化育苗基质如何配制?

辣椒工厂化育苗,生产中一般采用泥炭、蛭石和珍珠岩等轻基质材料作育苗基质,常用的基质配方是泥炭:蛭石为2:1,或泥炭:蛭石:珍珠岩为2:1:1,由于育苗基质没有养分,幼苗生长所需要的养分需要另外提供,一般每立方米育苗基质加入复合肥3~4千克、过磷酸钙3~5千克,并加入50%多菌灵可湿性粉剂100克,或用0.5%甲醛溶液喷洒消毒。如果在配制育苗基质时没有添加肥料,则需要在出苗后定期浇灌营养液。

22. 造成棚室辣椒栽培土壤板结的原因有哪些?

造成棚室辣椒栽培土壤板结的原因主要有以下几种。

第一,土壤质地太黏,耕作层较浅。黏土中的黏粒含量较多,加之耕作层平均不到20厘米,致使土壤中毛细管孔隙较少,通气、透水、增温性较差,浇水以后,容易堵塞孔隙,造成土壤表层结皮。

第二,辣椒生产中,有机肥施用不足、秸秆还田量较少,使土壤中有机物质含量偏低、结构变差,影响微生物的活性,从而影响土壤团粒结构的形成,造成土壤的酸碱性过大或过小,导致土壤板结。

第三,辣椒生产中,长期单一地偏施化肥。氮肥过量

二、棚室辣椒栽培土壤管理

施入,有机质含量低,影响微生物的活性,从而影响土壤团粒结构的形成,导致土壤板结。磷肥过量施入,磷肥中的磷酸根离子与土壤中钙、镁等阳离子结合形成难溶性磷酸盐,即浪费磷肥,又破坏了土壤团粒结构,致使土壤板结。钾肥过量施入,钾肥中的钾离子置换性特别强,能将形成土壤团粒结构的多价阳离子置换出来,而一价的钾离子不具有键桥作用,土壤团粒结构的键桥被破坏了,也就破坏了团粒结构,致使土壤板结。

第四,部分地方地下水和工业废水中有毒物质含量较高,辣椒生产中长期利用这种水灌溉,导致土壤中有毒物质积累过量,引起表层土壤板结。

23. 如何解决辣椒生产中土壤板结问题?

(1)改良土壤　采用掺沙客土和增施有机肥的办法,彻底改变辣椒土壤理化性状。增施有机肥和采用秸秆还田,把土壤有机质含量提高至3%以上,能有效增强土壤微生物的活性。具体措施如实行轮作、增施农家肥、推广新型有机肥等。

(2)推广测土配方施肥技术　根据土壤化验依据,采用有机肥与无机肥结合,增施有机肥,合理施用化肥,补施微量元素肥料,这样化肥施入土壤不仅不会板结土壤,而且会增加有机质含量,改善土壤结构,在增加肥力的同时增加透水透气性,进一步提高土壤质量,避免板结的发生。

(3) 适度深耕 耕作深度为 25～30 厘米,有利于保护辣椒土壤耕作层结构不被破坏和辣椒根系生长。生产中深耕不必每年进行,应结合旋耕每隔 2～3 年深耕 1 次,即可解决旋耕深度不足耕层变浅的问题。

(4) 推广施用生物肥 施用生物肥能进一步改良土壤,减少板结,促进辣椒生长。

(5) 轮作换茬 采用轮作换茬可有效改善土壤结构,防止土壤板结。

24. 棚室辣椒栽培进行土壤耕作的作用有哪些?

第一,辣椒栽培进行土壤耕作能够疏松耕层,改变耕层的物理特性,调节土壤中固相、液相和气相的比例。在辣椒生产过程中,由于人践踏、机械作业、灌溉以及土壤本身特性的变化,耕层土壤不可避免地趋于紧实和地面板结,其透水、透气性变差,影响辣椒根系下扎和正常生长。经过耕翻,可以改善土壤的理化性质,增加蓄水、保水和保肥供肥的能力,促进作物生长发育。

第二,进行耕作能够加深耕层,而且可将地面上的作物残茎、秸秆落叶及一些杂草和施用的有机肥料一起翻埋到耕层内并与土壤混拌,经过微生物的分解形成腐殖质。而腐殖质既能增加土壤中团粒结构,又能提高土壤肥力。

第三,为幼苗定植创造上松下实的良好条件。翻耕后的地面或畦面,往往是大平小不平,将高低不平的畦面整

二、棚室辣椒栽培土壤管理

平,有利于排灌和辣椒播种及定植。

第四,进行耕作起垄做畦,有利于灌溉、排水,促进辣椒根系生长。耕作后将整平的耕层开沟培垄,可增加土壤与大气的接触面,增加太阳照射面积,提高地温。

第五,棚室辣椒土壤合理耕作可以抑制杂草的生长,调节土壤中微生物的活动。

25. 棚室辣椒栽培为什么要轮作换茬?

第一,棚室辣椒栽培轮作换茬能够改善土壤结构,防止土壤板结,充分利用土壤营养。连年在同一块土地上种辣椒,由于对营养的选择性吸收,往往造成土壤板结和某种养分的亏缺,而使辣椒的生长不良。在轮作换茬的情况下,不同作物吸收的营养不同,根系分布的深度也不同。例如,豆类蔬菜能固定空气中的氮,而且根系扎得深,能从土壤深层吸收钙;薯芋类蔬菜能吸收较多的钾;叶菜类需要较多的氮;果菜类需要较多的磷。因此,实行轮作,就可充分利用土壤中的各种养分。

第二,棚室辣椒栽培轮作换茬能够避免辣椒土传病虫害的发生和连续危害。辣椒在连作的情况下,病虫害发生严重,特别是辣椒枯萎病等土传病害。而轮作换茬则可以克服连作障碍,防止土传病虫害的严重发生和连续危害。

第三,进行轮作换茬能够破坏杂草与辣椒的伴生关系,从而在一定程度上减少杂草的滋生。

26. 棚室辣椒栽培轮作换茬应注意什么问题?

第一,棚室辣椒轮作换茬,应选择不同科类、不同生育期和茬口季节早晚不同的作物,尤其是禾本科作物与辣椒轮作换茬更好。

第二,棚室辣椒轮作换茬应注意错开农忙季节,避免劳动力紧缺,以保证各项农事作业如期完成,使各种作物都处于最佳的生长季节从而获得高产、高效。

第三,棚室辣椒轮作换茬应注意掌握换茬时间,一般坚持至少轮作 3 年。

第四,棚室辣椒轮作换茬应注意换茬后土壤的团粒结构改良状况。

27. 棚室辣椒栽培如何防治连作障碍?

目前,辣椒棚室栽培,由于连年单一种植,导致大棚内的辣椒'泛青'、死棵现象越来越严重,产量、品质都受到了很大的影响。出现连作障碍不单单是连作造成的,长期不合理的农事管理也是造成的原因之一,因此治理连作障碍要从土壤改良、棚室土壤管理的各个环节抓起。

(1)实行轮作换茬 对于辣椒连作而造成的土壤恶化,需要通过轮作换茬进行改良,如辣椒与玉米轮作等,可有效降低土壤盐分,减轻连作危害。

(2)高温闷棚消毒 前茬辣椒拔秧后,每 667 米^2 施

二、棚室辣椒栽培土壤管理

石灰氮70~80千克、粉碎麦秸500~1 000千克,深翻、耙平。覆盖地膜并浇水,然后封闭温室高温处理15~20天,通风并揭去地膜晾晒5~7天,再施肥、整地。

(3)深翻土壤　由于连年使用旋耕机翻地,使土壤耕作层变浅,不利于根系生长,还容易因浇水施肥而造成伤根。生产中可采用旋耕机耕地与人工深翻相结合的方法,翻地深30厘米左右,避免形成10~15厘米的耕作硬底层,而导致耕作层变浅。

(4)重施有机肥　土壤出现板结现象,是长年大量施用化肥、土壤中有机质缺乏的表现,只有补充有机质才能解决。有机肥营养全,可长期均衡地供应辣椒生长所需的营养,避免生长后期发生脱肥早衰的现象。因此,要重施有机肥,减少化肥施用。每667米^{2}可施用鸡粪8~12米^3,注意鸡粪在施用前必须腐熟,以免烧根、熏苗。

(5)增施生物菌肥　生物菌肥不仅有降解土壤盐害、改良土壤性状的作用,而且还有以菌抑菌预防蔬菜死棵、增加土壤有益菌数量、维护土壤微生物平衡的功效。

28. 新建辣椒棚室如何进行土壤熟化处理?

(1)改良土壤　新建辣椒棚室在推土机等机械作业时,土壤原有的耕作层("熟土")基本上被推成了墙体,棚室内的土壤变成原有耕作层以下的土壤,也就是"生土",因此改良土壤是辣椒高产的关键。可根据土壤质地,采用相应的改良措施,施用腐熟秸秆是一个很好的方法,如果条件允许,还可以适当地改良土壤组成,即黏质的土壤掺入适量沙土等;沙质土壤则应掺入适量黏土,以改善土质。

(2)增大肥料用量　刚建好的辣椒大棚土壤中有机质、氮磷钾等营养元素较少,影响辣椒产量,因此在第一年使用时要加大肥料的施用量,提高土壤肥力。

(3)深翻土壤　由于建棚过程中,推土机等机械和人工的碾压使土壤变硬、变实。可通过深翻,增施有机肥,疏松改良土壤。方法是把肥料撒施好后,人工用铁锨翻地,翻地深度为40~50厘米,并将肥料均匀翻埋土中。

(4)增施生物菌肥　通过施用生物菌肥,可以快速补充土壤中的有益菌,使其成为优势菌群。新建大棚施用生物菌肥的用量较大,应采用普施与穴施相结合的方法,即在翻耕土壤之前,将部分生物菌肥随粪肥等一起撒施,深翻埋入土中;定植时,在定植穴内再撒施部分菌肥。

(5)浇透底水　新建棚室第一年使用,定植前应浇透底水,防止定植后秧苗下陷。

29. 新建辣椒棚室如何进行土壤消毒处理?

新建辣椒棚室,由于施用材料、换土、施肥等多方面因素影响,常造成土壤和棚室中的病原菌、虫卵积累。需要进行土壤以及整个棚室的消毒处理,生产中常用的方法有以下几种。

(1)太阳能消毒　新建棚室在整理和施肥后,应立即用薄膜覆盖密闭,使棚室气温达到55℃以上,高温处理

二、棚室辣椒栽培土壤管理

20～30天,可杀灭土壤中大量的病原菌和虫卵,减轻辣椒土传病虫害的发生。

(2)药剂消毒 在辣椒播种前将药剂施入土壤中,可防止种子带病和土传病虫害的蔓延。常用消毒药剂有以下几种。

①多菌灵 杀菌谱广,能防治多种真菌病害,对子囊菌和半知菌引起的病害防治效果很好。每平方米用50%多菌灵可湿性粉剂1.5克,能有效防治辣椒苗期的多种病害。

②百菌清 每平方米用45%百菌清烟剂1克熏棚5～7小时,能有效杀灭辣椒保护地内的多种真菌病害。

③波尔多液 每平方米用1:1:100波尔多液2.5千克喷洒土壤,对辣椒灰霉病、褐斑病、锈病、炭疽病等有明显的防治效果。

④甲醛 每平方米用40%甲醛50毫升,加水6～12升,播种前10～15天喷洒土壤,并用薄膜覆盖密闭,可有效杀灭土壤病菌。注意播种前7天左右揭膜,使药液充分挥发,以免发生药害。

⑤石灰氮 石灰氮(氰氨化钙)是一种土壤高效消毒剂,产品具有消毒、灭虫、防病的作用。可在暑夏高温季节使用,方法是每667米^{2}用麦草1 000～2 000千克,撒于地面,在麦秸上撒施石灰氮50～100千克,然后深翻地30～35厘米,将麦秸翻压到土壤下层。整地后做高30厘米、宽60～70厘米的畦,畦面用薄膜密封,四周盖严,畦间浇足浇透水,在高温强光下闷棚20～30天。闷棚结束

揭掉棚膜、地膜,并耕翻、晾晒土壤后即可种植。

30. 辣椒怎样采用泥炭土营养块育苗?

泥炭土育苗营养块是以草本泥炭土为主要原料,采用先进科学技术压制而成,适用于辣椒等栽培育苗,操作方便简单。适宜辣椒育苗的泥炭营养块规格是圆形小孔40克(泥炭土营养块的种类规格有圆形小孔40克、圆形大孔40克、圆形单孔50克、圆形双孔60克4种)。播种前,提前将种子催芽露白。苗床底部整平压实后,铺一层聚乙烯薄膜,按间距1厘米把营养块摆放在苗床上。然后用喷壶或喷头由上而下向营养块喷水,薄膜有积水后停喷,积水吸干后再喷,反复5~6次,直至营养块完全膨胀,完全膨胀标准是用牙签扎透基体无硬心。生产中注意营养块一定要浇透水,否则将严重影响幼苗的生长。营养块完全膨胀后,放置4~5小时后开始播种,种子平放穴内,上覆1~1.2厘米厚用多菌灵杀过菌的细沙土,禁忌使用重茬土覆盖。播后管理注意保持营养块水分充足,定植前停水炼苗,定植时带营养块移栽,以利于成活。

三、棚室辣椒栽培肥料管理

1. 棚室辣椒栽培在施肥中存在哪些问题？

目前,在棚室辣椒施肥上存在的不科学做法主要有以下几条。

第一,总施肥量过大。棚室辣椒栽培往往大量施用基肥,而且追肥次数多,施肥量也较大。

第二,氮肥用量过大。棚室辣椒栽培,由于菜农喜欢用冲施肥作追肥,多数水冲肥含氮量大,含磷、钾少,甚至不含磷、钾,所以造成氮量过多,磷较少,钾不足。

第三,棚室辣椒栽培重视大量元素肥料的施用,轻视中、微量元素肥料的施用,造成中量、微量元素相对缺乏。长期不科学施用肥料,导致土壤中各种营养元素比例失调,盐化现象日趋严重,影响了辣椒的生产。

第四,没有按照土壤肥力状况和辣椒生产需要进行配方施肥。

2. 棚室辣椒科学施肥的原则有哪些？

(1)结合土壤肥力,平衡施肥的原则　以土壤养分测定结果和辣椒需肥规律为依据,按照平衡施肥的要求确定肥料的施用量。无机氮肥、磷肥、钾肥施用量应视土壤肥力状况而定,以保持土壤养分平衡为准。

(2)有机肥与无机肥配合施用的原则　增施有机肥目的是改良土壤物理性状,实现土壤的可持续利用,减少污染。但是有机肥肥效慢,必须与无机肥配合施用,才能提高辣椒生产水平。

(3)根据季节变化和营养诊断科学追肥的原则　根据辣椒不同季节生长发育的营养特点和土壤、植株营养诊断进行追肥,以及时满足辣椒对养分的需要。

(4)大量元素与微量元素配合施用的原则　在施足大量元素肥料的基础上,配合施用微量元素肥料,才能达到增产目的。

3. 新建辣椒棚室如何施肥效果好?

新建辣椒棚室在施肥中从以下几点做起,就能达到良好的效果。一是注意大量增施充分腐熟的有机肥,如每667米^{2}施用鸡鸭粪8~12米^3。二是注意施用经过腐熟的3~5厘米长的秸秆段。三是每667米^{2}施用三元复合肥70~90千克。四是注意增施生物菌肥。五是施肥应结合深翻进行,使肥料与土壤混合均匀。

4. 棚室辣椒栽培常用肥料种类有哪些? 如何区分酸碱性肥料?

棚室辣椒栽培常用的肥料有有机肥料、无机肥料、生

三、棚室辣椒栽培肥料管理

物菌肥和有机无机混合肥料等。有机肥有腐熟厩肥、豆粕、腐熟鸡粪、腐熟鸭粪、人粪尿、堆肥、腐熟作物秸秆等。无机肥有尿素、复合肥、硫酸钾、硫酸铵、磷酸二氢钾、磷酸二铵、过磷酸钙等。生物菌肥有酵素菌肥、EM菌肥、光合菌肥等。

所谓肥料生理酸碱性,就是把肥料施入土壤,经作物吸收后,土壤所呈现的酸碱性。根据肥料施入土壤中辣椒吸收后呈现的酸碱性不同,可将肥料划分为生理酸性肥料、生理碱性肥料和生理中性肥料。如硫酸铵是一种常用氮素化肥,施用后可在土壤中分解为铵离子和硫酸根离子,虽然这两种离子均能被辣椒吸收、利用,但辣椒吸收的铵离子量远远大于硫酸根,而大部分硫酸根离子遗留在土壤中,在辣椒吸收铵离子的同时,又释放出氢离子,使土壤呈现酸性,称为生理酸性肥料。硝酸钠、硝酸钙等肥料施入土壤后,经辣椒的吸收作用,土壤呈现碱性,因而称为生理碱性肥料。硝酸铵、尿素等,施入土壤经辣椒吸收后,土壤呈现中性或接近中性的肥料,称为生理中性肥料。

长期在酸性土壤上施用酸性肥料,就会使土壤酸化、板结化和贫瘠化。长期在石灰性或碱性土壤上偏施碱性或生理碱性肥料,就会造成土壤次生盐碱化、结构恶化和肥力退化。为了充分发挥肥料的作用,在辣椒生产中碱性土壤上,应选用酸性或生理酸性肥料,如硫酸铵、硫酸钾、过磷酸钙、氯化钾等。酸性土壤上应选用碱性或生理碱性肥料,如硝酸钠、钙镁磷肥、硝酸钙等。通过肥料的酸碱性去中和、调节土壤的酸碱性,使其逐渐向中性方向转化,以提高肥料养分的可溶性、可吸收性和有效性,充分发挥肥效,同时也是改良土壤的重要措施之一。

5. 棚室辣椒施肥的方法有哪些?

(1)普施　指将肥料均匀撒在土壤表面后,通过耕翻混入土壤辣椒根层的施用方法。这种方法主要用于基肥施用,不易造成辣椒烧苗。普施的有机肥数量多,为提高肥效,可兼顾无机肥的施用。

(2)条施和沟施　条施是在辣椒播种或定植后,在行间成条状撒施肥料,行内不施肥,施肥后需耕翻将肥料混入土壤。沟施是在开好播种沟或定植沟后,将肥料施入沟内,然后覆土的施肥方法。条施和沟施多用于化肥或肥效较高的有机肥的追肥。

(3)穴施和环施　穴施是在辣椒定植时,在定植穴内施入肥料或在栽培行中间在其根茎附近地面开穴施肥,并埋入土壤的施肥方式。穴施可以实现集中施肥,有利于提高肥效,减少肥料被土壤固定和流失。环施是在辣椒植株的周边以植株为圆心,开沟施入肥料。

(4)随水冲施　将肥料浸泡在盛水的容器中,在灌溉的同时将溶解的肥料随灌溉水施入土壤。此法劳动效率高,操作简单,不需要专门的仪器设备。适合辣椒生长后期在畦内沟灌无机肥的追肥,或冲施肥。

(5)肥水一体化　指滴灌或渗灌等方式。

三、棚室辣椒栽培肥料管理

6. 棚室辣椒生产中施用有机无机混合肥有什么优点?

有机无机混合肥是利用有机肥活化工艺和发酵技术,将畜禽粪便、泥炭腐殖酸、酵素菌等有机成分,利用微生物进行发酵后,采用先进的造粒工艺而制成的肥料产品。在棚室辣椒生产中的应用,具有以下优点。

第一,辣椒生产施用有机无机混合肥能够使辣椒提高含糖量和维生素,可有效地调节辣椒体内各种酶的活性,降解无机磷及硝酸盐积累,是生产绿色食品的优质肥料。

第二,辣椒生产施用有机无机混合肥能够保氮、增磷、活化钾和微量元素,有效提高辣椒对化肥利用率,增加耕地有机质,刺激辣椒根系吸收,扩大辣椒根群,防止早衰;还具有沃土肥田,改良土壤的功效。

第三,辣椒生产施用有机无机混合肥,其养分配比科学,营养全面,尤其是含有各种微量元素,可满足辣椒各生长期的养分需要,增强保肥保水能力。

第四,施用有机无机混合肥能增强辣椒的抗旱、抗寒、抗病及抵御各种生理病害的能力,促进早熟高产。

7. 棚室辣椒生产中施用的微生物肥料有哪几类? 其作用有哪些?

微生物肥料是含有大量活性有益微生物的生物肥料。根据微生物与作物营养的关系,目前棚室辣椒生产中将微生物肥料分为:能够刺激辣椒生长的微生物肥料、具有消除辣椒某种病害作用的微生物肥料、能够改善辣椒某种营养元素作用的微生物肥料和能够改善辣椒两种以上营养元素作用的微生物肥料。

棚室辣椒施用微生物肥的作用有以下几点。

第一,能够促进辣椒生长发育,改善辣椒品质,而且施用后不产生和积累有害物质,对生态环境无不良影响。

第二,具有改良土壤的作用。施用微生物肥能提高土壤中的氮元素含量,增加土壤有机质,还能加速降解有机质,并转化为辣椒能吸收的营养物质,从而提高土壤肥力,可减少30%~50%的化肥用量。

第三,增产效果明显,增产幅度可达20%~50%。

第四,可以改良土壤结构,减少土壤板结,激发土壤活力,抑制土壤中的真菌、线虫及辣椒根部病虫害。

第五,可以促进辣椒多生根,利于生长发育和防止早衰。同时,可提高抗旱、抗寒及抗病虫害等抗逆能力。

第六,可以减少40%~50%有害气体排放,有利于保护环境。

8. 棚室辣椒栽培施用微生物肥料有哪些特定的要求?

微生物肥料是生物活性肥料,因此有以下几种特定的施用要求。一是注意开袋后尽快施用完毕。开袋后长期不用,其他菌就可能侵入,使微生物菌群发生改变,影响其使用效果。二是注意不要在高温、干旱条件下使用。

三、棚室辣椒栽培肥料管理

在高温干旱条件下,微生物菌群生存和繁殖受到影响,不能发挥良好的作用。应选择阴天或晴天的傍晚施用并结合盖土、浇水等措施,避免微生物肥料受光照和水分影响不能很好的发挥作用。三是注意不要与未腐熟的有机肥混用,避免未腐熟有机肥发酵产生高温,而杀死微生物,影响微生物肥料的作用。四是注意不要与化学农药同时使用。化学农药会不同程度地抑制微生物的生长和繁殖,甚至杀死微生物,因此辣椒生产中应将微生物肥料和化学药剂使用时间错开,同时注意拌过杀虫剂、杀菌剂的工具不能作为拌微生物肥料的工具。

9. 棚室辣椒生产中施用生物有机复合肥有哪些特点和作用?

生物有机复合肥的营养元素集速效性、长效性、增效性为一体,能够增强辣椒抗逆性、促进辣椒早熟,还有抑制辣椒土传病害的作用,其特点和作用如下。

第一,生物有机复合肥配方科学、养分齐全。生物有机复合肥料以有机物质为主体,配合少量的化学肥料,按照辣椒的需肥规律和肥料特性进行科学配比,除含有氮、磷、钾大量营养元素和钙、镁、硫、铁、硼、锌、硒、钼等中量、微量元素外,还含有大量有机物质、腐殖酸类物质和保肥增效剂,养分齐全,速缓相济,供肥均衡,肥效持久。

第二,生物有机复合肥无污染、无公害。生物复合肥是天然有机物质与生物技术的有效组合,所包含的菌剂,具有加速有机物质分解作用,为辣椒制造或转化速效养分提供"动力",具有提高化肥利用率和活化辣椒土壤中潜在养分的作用。

第三,生物有机复合肥可替代化肥进行一次性施肥,降低生产成本。

第四,生物有机复合肥能提高辣椒产品品质、降低有害物质积累。生物复合肥中的活化剂和保肥增效剂的双重作用,可促进辣椒中硝酸盐的转化,减少20%~30%硝酸盐的积累,维生素C含量提高30%~40%,可溶性糖可提高1~4度。

第五,生物有机复合肥能提高土壤肥力、改善土壤供肥环境。生物肥中的活化菌能够疏松土壤,增强土壤团粒结构,提高保肥保水能力,增加土壤有机质,活化土壤中的潜在养分。

第六,生物有机复合肥能抑制辣椒土传病害发生。生物肥能促进作物根际有益微生物的增殖,改善辣椒根际生态环境,有益微生物和抗病因子的增加,还可明显地降低土传病害的侵染,连年施用可缓解辣椒连作障碍。

10. 棚室辣椒生产施用有机肥料有哪些优缺点?

有机肥含有丰富的有机质和各种养分,它不仅可以为辣椒直接提供养分,而且可以活化土壤中的潜在养分,增强微生物活性,促进物质转化。棚室辣椒施用有机肥料,能够改善土壤的理化性状,提高土壤肥力,防治土壤污染,这是化肥所不具备的。合理施用有机肥料,还能使

三、棚室辣椒栽培肥料管理

农业废弃物再度利用,减少化肥投入,保护和创造良好的农业生态系统,又可达到培肥土壤、稳产高产、增产增收的目的。有机肥料也有不少缺点,如养分含量低、发酵时间长、肥效缓慢、肥料中的养分当季利用率低等,同时有机肥料施用量大,运输和施用耗费劳力多。

11. 棚室辣椒栽培有机肥与无机肥配合施用的好处是什么?

棚室内栽培辣椒产量高,辣椒吸收肥料中营养元素的能力强,土壤肥力下降速率快。生产中不少菜农仍按露地辣椒栽培条件下的习惯进行施肥,重视氮素化肥的施用,忽略有机肥、磷钾肥和微量元素肥料的施用,或是重视氮、磷、钾等大量元素化肥的施用,忽视有机肥料和微量元素肥料,致使辣椒发生生理性缺素症。棚室辣椒发生比较普遍、比较严重的生理性病害有辣椒缺钾症、缺镁症等。因此,棚室内栽培辣椒,有机肥与无机肥配合施用效果较好。主要表现在以下几方面。

第一,有机肥养分全面,肥效长久,养分含量低,肥效慢,化肥养分含量单一,但肥效快,且养分含量高,配合施用,优势互补,效果良好。

第二,有机肥与无机肥在养分含量相同的条件下,其营养效果配合施用的超过单施化肥或单施有机肥,而且施用时间愈长,效果愈好。这是因为化学氮肥能促进有机氮的矿化率,提高有机肥的肥效,而有机氮的存在可促进化学氮的生物固定,减少无机氮的损失。

第三,有机肥能活化土壤中的磷,还能减少磷肥在土壤中的固定,因此有机肥与无机磷配合施用能提高磷的有效性;同时,有机肥中钾的有效性较高,辣椒能吸收利用。有机肥料含有各种微量元素,它们与螯合剂结合形成螯合物,避免在辣椒生产中被土壤固定,提高其有效性。有机肥料还能改善土壤结构,形成微团聚体,从而提高土壤肥力。

12. 什么是叶面肥? 辣椒喷施叶面肥的作用和应注意的问题有哪些?

凡是喷在作物叶片和茎蔓上,能对作物起生长调节作用,并为其生长提供营养元素的物质,均叫叶面肥。叶面肥用量少、浓度低,其主要作用是提供微量元素或某些特殊元素,以及调节辣椒体内的生理生化过程,促进或抑制辣椒营养生长或生殖生长。

辣椒吸收营养主要靠根部,叶面施肥只能作为一种辅助手段,必须在施足基肥并及时追肥的基础上进行,并注意以下问题。

第一,选择适宜的叶面肥。叶面肥按成分可以分为氮肥、磷肥、钾肥、磷钾复合肥、氮磷钾复合肥、微肥、稀土微肥以及加入植物生长调节剂的叶面肥料等。这些肥料具有性质稳定、不损伤叶片的特点。生产中应根据辣椒的生长需肥特点选用叶面肥。

第二,辣椒喷施叶面肥一定要控制好喷洒浓度,特别是微量元素肥料,从缺乏到过量之间的临界范围很窄,更

三、棚室辣椒栽培肥料管理

要严格控制。

第三,把握喷洒时间。叶面肥液在辣椒叶面上的湿润时间越长,叶面吸收的养分越多,效果也就越好。

第四,辣椒叶面施肥时,将两种或两种以上的叶面肥合理混用,其增产效果会更加显著,并能节省喷洒时间和用工,但应注意肥料混合时溶液的浓度和酸碱度要科学合理。

第五,保证喷洒质量。喷施叶面肥要求雾滴细小,喷洒均匀,尤其要注意喷洒生长旺盛的辣椒上部叶片和叶片的背面。因为新叶比老叶、叶片背面比叶片正面吸收养分的速度快,吸收能力强。

第六,叶面肥喷施次数应根据辣椒生长发育时期和产量而定,一般喷施3~4次。

13. 在辣椒生产中怎样科学施用中、微肥?

辣椒连续结果能力强,产量高,需要大量的氮、磷、钾元素,同时也需要铁、铜、锌、硼、钼、锰等中、微量元素。实践证明,某一种微量元素的缺乏,会使辣椒不能正常生长发育,甚至出现生理性病害,严重时全株死亡。因此,在增施氮、磷、钾肥料后,还要注意辣椒的生理性状表现,及时识别辣椒出现的缺素症,对症施用微肥。辣椒生产需要微量元素较少。各种微肥从缺乏到过量的临界范围也很小,而且微肥施用时对土壤有高度的针对性和选择性,微肥缺乏或过量对辣椒生产均可造成危害。因此,棚室辣椒科学施用微肥应注意以下几点。

(1)注意结合土壤实际情况合理施用　黄壤、红壤土质,硼、锌、钼等微量元素较为缺乏,在生产上应有针对性地施用这些微肥。辣椒在合理轮作、增施有机肥料的条件下,一般不易发生微量元素缺乏症,因此生产中应因地制宜,并注意辣椒缺素的表现,有针对性地施用所缺少的微肥,才能提高施用效果,达到促熟、增产的目的。

(2)注意严格控制微肥施用量　微肥用量过大对辣椒会产生毒害作用,还可能污染环境。因此,要严格控制微肥用量,并力求施用均匀。生产中微肥可与氮、磷、钾肥拌匀后施用,但要避免局部浓度过高。根外喷施微肥时,浓度要适宜,不可随意增加用量或提高浓度,一般不宜超过规定浓度20%的上限。

(3)注意配合施用有机肥料　增施有机肥料能增加土壤的有机酸,使微量元素呈可利用状态,提高微肥的施用效果,同时有机肥可在微肥过量时,缓解微肥毒性。

(4)注意选用施用方法　微量元素肥料的施用方法有土壤施肥、种子处理和根外追肥等。土壤施肥即作基肥、种肥或追肥时把微量元素肥料施入土壤。此法肥料的利用率较低,但有一定的后效。种子处理即浸种和拌种两种方法。浸种时将种子浸入微量元素溶液中,种子吸收溶液而膨胀,肥料随水进入种子内,常用的浓度为0.01%～0.1%,浸种时间为12～24小时。拌种是用少量水将微量元素肥料溶解,将溶液喷洒于种子上,搅拌均匀,使种子外面沾上溶液,晾干后播种,一般每千克种子用 2~6 克肥料。根外追肥即将微量元素肥料溶液用喷雾器喷施到植株上,通过叶面或植株气孔吸收而运转到植株体内,常用的溶液浓度为 0.01%~0.1%。

(5)注意配合施用氮、磷、钾大量元素 在辣椒生产中,微量元素和氮、磷、钾三要素都很重要,但生产中只有在施足大量元素的基础上,微量元素的效果才能充分发挥出来。

14. 棚室辣椒生产中怎样科学施用尿素肥料?

第一,在棚室辣椒生产中,尿素适合作基肥和追肥,不宜作种肥。因为尿素容易破坏辣椒种子蛋白质的结构,影响种子的发芽和幼苗根系的生长,严重时会使种子失去发芽能力。

第二,在棚室辣椒生产中,尿素可用作根外追肥。这是因为尿素为酰胺态肥料,中性,对辣椒茎叶烧伤很小,而且尿素分子体积小,易于透过细胞膜进入细胞,尿素本身又有吸湿性,容易被叶片吸收,所以尿素作根外追肥比其他氮素肥料的效果好。一般情况下,每次每 667 米^2 追施尿素 0.5~2.5 千克,每隔 5~7 天追施 1 次,连续 3 次即可。

第三,在棚室辣椒生产中,由于气候影响,尿素秋季施用比春季施用利用率提高 10% 以上,尿素与有机肥和其他化肥的配合施用,效果会更好。

第四,尿素的施用时间应在早晨或傍晚,最好是雨后或阴天,注意不要在晴天(或中午)气温较高时施用。

第五,在棚室辣椒生产中,尿素提前追施效果好。这是因为尿素施入土壤后,经土壤微生物作用,水解为碳酸氢铵,方可被作物根系吸收。

第六,在棚室辣椒生产中,尿素要深施并覆土。由于尿素在土壤中分解产物为碳酸氢铵,而碳酸氢铵容易在土壤中或土壤表层分解形成游离氨而挥发,造成氨气中毒。所以,施用尿素时应当深施并覆土,覆土深度以10～15厘米为宜。

第七,在棚室辣椒生产中,尿素和有机肥料配合施用,可以取长补短,缓急结合,提高肥效,节约化肥,促进微生物活动,改善辣椒营养条件,提高产量。

第八,棚室辣椒生产中应注意尿素不要与碳酸氢铵混合施用,施用尿素后不要立即浇水。

15. 棚室辣椒生产中如何科学堆沤腐熟鸡粪、鸭粪等有机肥?

堆肥场地要选在距离棚室较近的背风、向阳、地势高燥的地方,挖堆沤坑,坑深一般3米,大小以每667米^{2}需要8～12米^{3}堆肥为标准计算。坑挖好后应在堆肥地面以及四周铺农膜,防止养分流失。将鸡粪、鸭粪等有机肥放入挖好的坑中,加入3%左右的过磷酸钙和粪土并充分混合均匀。加入过磷酸钙主要是防止有机肥中的氮素流失,并增加微生物的活性。最后用农膜覆盖压严,提高堆肥温度,一般夏季40天左右即可腐熟。当有机肥颜色由原来的灰色变成紫色或黑色,质地松散,有恶臭味时,说明已经完成腐熟,可用来作为辣椒生产的基肥。

16. 棚室辣椒生产中施用化学复合肥应注意哪些问题?

复合肥养分含量高且营养全面,在辣椒高产中起着重要作用,但若施用不当,还会造成减产。生产施用中需要注意以下问题。一是复合肥肥效长,宜作基肥,不宜作苗期肥和中后期肥。二是应注意根据土壤肥力选择合适的浓度。复合肥有高、中、低3种浓度,低浓度总养分为25%~30%,中浓度为30%~40%,高浓度为40%以上。生产中要根据地域、土壤质地,选择适宜浓度的复合肥。三是注意避免与种子直接接触或种子与复合肥混合使用,否则幼苗根系直接接触肥料,会出现烧苗、烂根现象。四是应根据土壤的酸碱性质,科学合理选用相应的复合肥。例如,含氨离子的复合肥,不宜在盐碱地上施用,含氯化钾的复合肥不宜在盐碱地上施用,含硫酸钾的复合肥,不宜在酸性土壤中施用。

17. 什么是控释肥? 辣椒栽培是否适合施用控释肥?

控释肥是指肥料施入土壤后,养分释放速度比常规化肥慢,肥效期较长的一类肥料。它以各种调控机制使养分释放按照设定的释放时间和释放率与作物吸收养分的规律相一致。由于辣椒连续开花结果力强,产量高,消耗的养分较多,需要及时补充,因此辣椒生产中不适合施用控释肥。

18. 辣椒的需肥特点是什么?

辣椒营养生长与生殖生长同时进行,生长发育快、需肥量大,施肥应掌握"基肥要足、苗肥要轻、果肥要重",和"少量多次、施用腐熟肥料"的原则。辣椒不同生长发育时期对养分的吸收量不同。

辣椒门椒坐果期前,植株各器官增重缓慢,营养物质的流向以根、叶为主,同时供给花芽分化发育。在这一时期对氮、磷、钾的吸收量虽然较少,但对植株发育和花芽分化影响很大。辣椒进入结果期,植株的生长量显著增加,盛果期达到了最大值,在结果盛期的20多天内,吸收的氮、磷、钾量分别占吸收总量的50%、47%和48%左右。辣椒结果后期,生长速度减慢,养分吸收量减少,其中以氮、钾减少得较为明显。生产中,每收获1 000千克辣椒约需氮5.19千克、五氧化二磷1.07千克、氧化钾6.46千克。

19. 什么是合理施肥?辣椒合理施肥的主要依据是什么?

合理施肥就是既要最大限度利用肥料中的有效养分,提高肥料利用率,又要达到提高产量、改善品质、获得显著的经济效益;既有利于培肥地力,保护产品和生态环境不受污染,又有利于农业可持续发展。辣椒的合理施

三、棚室辣椒栽培肥料管理

肥就是通过施肥,使辣椒生产获得高产和优质,能以最少的投入获得最好的经济效益,能改善土壤环境条件,做到用地与养地相结合。

辣椒合理施肥的主要依据:一是要考虑辣椒的营养特性。辣椒在不同的生育时期对营养元素吸收的种类、数量及其比例都有不同的要求。二是必须根据栽培土壤的肥力状况,如土壤中各养分的含量、保肥供肥能力和是否存在障碍因子等情况综合考虑。三是要充分考虑不同季节气候条件与施肥的关系。不同季节肥料的利用率不同,影响施肥效果,如早春茬和秋茬的季节系数分别为0.7和1.2。四是施肥必须考虑与其他农业技术措施的配合,要考虑土地的利用系数,辣椒生产土地利用系数一般为0.8。

20. 什么是辣椒营养临界期、临界值和营养最大效率期?

辣椒营养临界期是指辣椒在某一个生育时期对养分的要求虽然数量不多,但如果缺少或过多或营养元素间不平衡,对辣椒生长发育能造成显著不良影响的那段时间。辣椒营养临界期一般出现在辣椒生长初期,其中磷的临界期出现较早,氮次之,钾较晚。

辣椒营养临界值是指辣椒体内养分低于某一浓度时,它的生长量或产量显著下降,并表现出养分缺乏症状,此时的养分浓度称为营养临界值。

辣椒营养最大效率期是指辣椒生产中,在不同时期所施用的肥料对增产的效果有很大的差别,其中有一个时期肥料的营养效果最好,这个时期称为营养最大效率期。

21. 辣椒生产中哪些肥料不能混用?

第一,尿素不能与草木灰、钙镁磷肥混用。
第二,磷酸二氢钾不能和草木灰、钙镁磷肥混用。
第三,过磷酸钙不能和草木灰、钙镁磷肥混用。
第四,鸡鸭粪、人粪尿不能和草木灰混用。
第五,硫酸铵不能与草木灰混用。
第六,硝酸铵不能与草木灰、鲜厩肥及堆肥混用。

22. 辣椒生产中是不是施肥越多产量越高?

辣椒高产离不开施肥,但并不是肥料施得越多,产量就越高。施用肥料可提高土壤肥力,改善土壤性状,创造最佳的辣椒营养环境,从而提高辣椒产量和品质。但在生产施肥过程中,往往存在着很多误区,不仅影响产量,也影响着品质和效益。在一定肥力范围内,随着肥料施用量的增加,辣椒产量增加,超过一定范围,随着肥料施用量的增加,副作用增加,辣椒植株生长受到影响,产量降低。一般来说,辣椒生产对化肥的平均利用率,氮为40%~50%,磷为10%~20%,钾为30%~40%,因此,生产中应按照辣椒的需肥特点和每个棚室土壤的具体供肥条件,科学合理地选用优质肥料,平衡施肥,才能实现辣椒的优质高产。

23. 棚室辣椒生产中施肥误区有哪些?

第一,施用未完全腐熟的鸡粪。未经过充分腐熟的鸡粪施到地里,经过二次发酵,极易产生氨害,当温室空气中氨气浓度达到 5 毫克/升可使植物受害;当氨气浓度达到 40 毫克/升可发生烂根、烧苗现象。

第二,重施磷肥,轻施有机肥,忽视配方施肥。受物价影响,化肥大幅涨价,个别农户为降低成本,选用价格较低的过磷酸钙和钙镁磷肥,想通过基肥用磷肥,后期追氮肥的办法,提高辣椒产量,其实这是一种误解。辣椒单用磷肥利用率极低,因为氮、磷、钾三要素只有按适当的比例配合施用,才能保证辣椒的正常生长。据研究报道,缺氮会严重影响辣椒对磷的吸收,一般缺磷的土壤也缺氮,氮、磷比例配合好,可以把磷的利用率由 13.8% 提高至 30%。因此,氮、磷配合施用,能充分发挥氮肥和磷肥的增产作用。另外,磷肥在钙质土壤和酸性土壤中容易产生化学固定。生产中磷肥应采用条施、穴施、拌种、叶面喷施和作基肥深施,以减少磷肥与土壤的接触面积,更好地提高磷肥的利用率。

第三,重施基肥,忽视追肥和叶面喷施微量元素肥料。由于大棚辣椒多年连作,农民只重视对化学肥料的投入,而忽视对微量元素的补充。因此,通过叶面施肥,可以较好地弥补微量元素的缺乏。中、微量元素有其不可替代的作用,实践证明,钙、硼、硫、铁、锰、锌等中、微量元素,对提高辣椒产量和品质十分重要。如当辣椒缺铁时,根系不发达,生长点停止生长,叶缘上卷,叶片不伸展;当辣椒缺镁时,芽生长停止,叶面发黄发白,叶缘坏死失绿;当辣椒缺锌时,嫩叶生长不正常,芽呈丛生状。这些症状都可以通过叶面追肥得到缓解。

第四,重施化肥,轻施有机肥。有些菜农每667米²施用化肥多达150~200千克,施用磷酸二铵在200千克以上。由于过量施用化学肥料,造成土壤板结,土壤盐分浓度过高,影响辣椒连续生产的产量。

24. 棚室辣椒生产中科学施肥技术有哪些?

(1)轻施育苗肥　辣椒育苗营养土要求质地疏松,透气性好,养分充足,pH值为6.1~7.2。在营养土配制时,加入占营养土总量2%~3%的过磷酸钙,对促进辣椒秧苗根系生长有明显的作用。在育苗期一般不追肥,如发现缺肥现象,可以通过叶面喷施的方法补肥。用0.04%的硫酸铵或0.03%的过磷酸钙或0.05%的硫酸镁,或0.04%的氯化钾溶液喷施效果较好;把81克硝酸钾,或95克硝酸钙或50克硫酸铵或35克磷酸二氢钾或2克三氯化铁溶于100升水中,进行叶面喷施效果更好。

(2)重施有机肥　辣椒根系主要分布在15~25厘米的耕层内,根系较浅而且耐盐性又较差,不宜一次性施用

三、棚室辣椒栽培肥料管理

大量化肥,但辣椒对氮、磷、钾等营养元素的需要量大,吸收速率又快,因此增施有机肥是辣椒高产栽培的基础。生产中应每667米²施用腐熟鸡粪或其他有机肥4000~6000千克、过磷酸钙20~30千克作基肥。

(3)科学追肥　根据辣椒根系分布特点和需肥规律,掌握"少量多次"的原则,可追肥3~5次。在辣椒结果初期进行第一次追肥,每667米²施尿素7~9千克或硫酸铵14~17千克、硫酸钾8~12千克。盛果初期进行第二次追肥,在盛果期内每次的追肥间隔要缩短,并结合浇水进行。前3次的追肥每次用量相同,以后各次肥量减半,最后1次可以不追钾肥。在结果盛期还可用0.5%尿素和0.3%~0.5%磷酸二氢钾溶液叶面喷施2~3次。

25. 棚室辣椒生产中偏施化肥有哪些危害?

辣椒生产中施肥必须遵循有利于提高产量、培肥土壤和改善环境的原则,克服传统做法在施肥上的随机性、盲目性、单一性、习惯性。辣椒偏施化肥,不仅对土壤结构造成不良影响,往往使辣椒超出其正常生理需要而过多地吸收养分,只是增加了辣椒体内养分的浓度,对产量增加却没有作用。长期偏施化肥,易导致土壤有机质下降,破坏土壤结构,造成辣椒产品质量下降。偏施氮肥,使辣椒营养器官生长旺盛,茎秆及叶鞘的机械组织不发达,茎秆柔软、容易折倒,而且开花、结果延迟。偏施化肥还能导致辣椒病虫害严重发生和影响对微量元素的吸收。

26. 棚室辣椒生产中施用未腐熟的鸡、鸭粪有什么弊端？

第一，未腐熟鸡、鸭粪中的氮主要为尿酸盐类，这种盐类不易被辣椒直接吸收利用，而且对辣椒根系的生长有害。

第二，未腐熟的鸡、鸭粪施入土壤后，发酵温度高，易伤辣椒幼根。施用时需加水或与其他有机肥料混合堆积，经过堆沤充分腐熟后才能施用。

第三，鸡、鸭饲料中的添加剂含激素成分高，只有通过堆沤腐熟才能脱除其中的激素。

第四，鸡、鸭粪肥中有芽孢杆菌属、大肠杆菌以及10多个属的真菌和一些寄生虫等，未经腐熟施用易引发病虫害的传播。

第五，部分鸡、鸭粪存在着微量元素含量超标的问题。在畜禽饲料中，由于大量添加铜、铁、锌、锰、钴、硒和碘等微量元素，使得许多未被畜禽吸收的微量元素积累在畜禽粪便中。

27. 棚室辣椒生产中如何施用基肥？应注意什么问题？

基肥也叫底肥，是在辣椒播种或移植前施用的肥料。可供给辣椒整个生长期中所需要的主要养分，为辣椒生长发育创造良好的土壤条件，同时也有改良土壤、培肥地力的作用。棚室辣椒生产作基肥施用的大多是迟效性肥

三、棚室辣椒栽培肥料管理

料,如厩肥、堆肥、家畜粪等是最常用的基肥,化学肥料中的磷肥和钾肥也可作基肥施用。基肥通常施用在耕作层,与耕土混合,也可以分层施用。棚室辣椒生产中基肥应以有机肥为主,混拌入适量的化肥。基肥施用量应占供给辣椒总施肥量的70%以上,其中植物残体肥或土杂肥等有机肥和矿质磷肥、草木灰全作基肥,其他化肥可部分作基肥。施用基肥应注意以下问题。

第一,防止造成肥料浓度障碍。如果施用过量的化肥作基肥,会造成辣椒根系局部的高浓度肥料障碍。有机肥缓冲性大,大量施用也很少发生浓度障碍,因此辣椒基肥施用总量不足时,要通过增加有机肥来满足。

第二,磷肥应全作基肥。辣椒在生育初期,需要磷肥,苗期若磷肥不足,即使后期补追大量磷肥,还是会降低产量,所以磷肥应全部作基肥。

第三,基肥中应少用硝态氮和铵态氮化肥。硝态氮化肥施入土壤不易被土壤吸附,故不宜大量作基肥;铵态氮化肥施得太多,会发生严重的生长障碍,出现辣椒叶色黄化或萎缩现象;还会影响辣椒钙、镁肥吸收,亦不宜大量作基肥。因此,基肥中氮素化肥应施用酰胺态氮肥,如尿素。

第四,基肥施用要准确合理。不同的土壤条件、不同的苗情、不同的生产季节施肥种类和施肥方法不同,应因地制宜、科学施用。

28. 棚室辣椒栽培如何采用敞穴施肥法?

棚室辣椒栽培可以采用敞穴施肥法,其方法是在两株辣椒中间的垄上挖一个敞穴,穴在灌水沟的内侧,并向沟内侧敞开口,口子低于沟灌水位,但应高于沟底 5 厘米,使得部分灌水可流入穴内,以溶解和扩散肥料。若辣椒株距在 45 厘米以上,可在每株之间设 1 个穴。覆盖地膜后,在穴上方将地膜撕开一小孔,孔洞的大小以方便向穴内施肥为宜,在每次浇水前 1～2 天,将肥料施入穴内。敞穴施肥一次制穴可供辣椒整个生育期使用,较常规穴施省去了每次施肥挖穴、覆土的程序,同时克服了冲施肥供肥强度低、肥料利用率低的缺点,实现了集中施肥,提高了肥料利用率。一般每次每 667 米^2 秋、冬季施化学复合肥 13～15 千克、春季施复合肥 20～30 千克。由于集中施肥,可节约 40%～50%的用肥量。

29. 棚室辣椒生产中有肥效特别快的肥料吗?

目前,菜农在选择肥料时,有一种错误的观念,认为肥效越快,肥料就越好,这是不科学的,生产中没有肥效特别快的肥料。

因为肥料从施用到辣椒吸收、转化、发挥作用均需要一个过程,不可能特别快就见效。市场上出现的肥效特别快的所谓"肥料",其实是植物生长调节剂,包括细胞分裂调节剂、生根剂、生长剂等,若长期作为肥料施用对辣椒生产会造成危害。

三、棚室辣椒栽培肥料管理

30. 棚室辣椒生产中施用植物生长调节剂的作用是什么?

植物生长调节剂是一类与植物激素具有相似生理和生物学效应的物质。可以调节和控制辣椒的生长发育,改善辣椒与环境的互作关系,增强辣椒的抗逆能力,提高辣椒产量,改进产品品质,使辣椒农艺性状表达能够按照人们所需求的方向发展;而且植物生长调节剂用量小、速度快、效益高、残毒少。但是,植物生长调节剂不能代替肥料,更不能大量持久施用,否则会引起辣椒花而不实,坐果不良,甚至早衰。

31. 辣椒生产中液体肥料颜色越深、臭味越大,效果就越好吗?

在生产中,农家肥沤制得越好颜色越深、臭味越大,效果也就越好。但是,目前市场上出现的液体肥料过分夸大肥料的颜色和气味,实际是一种误导。有人为了个人利益随意添加色素和气味药剂,而实际真正的肥料成分却很少,如果相信表面的效果,购买施用,则会导致辣椒生长不良,品质下降,还会加剧土壤性状的盐化。

另外,有人把颗粒状高浓度复合肥打碎作液体肥冲施;有人把未腐熟的不溶性固体有机肥或微生物制剂当液体肥冲施等,这些做法都是错误的。

32. 什么是冲施肥？棚室辣椒生产中施用冲施肥有什么好处？

冲施肥顾名思义就是随水冲施的一种单元或多元肥料，目前在市场上最常见的形态有液体、颗粒、粉末以及膏状等。不同形态有不同的特点和优势，所以在选购时要根据自己的实际需要选购合适的形态和肥料。冲施肥具有使用简便、作物易吸收、肥效好等特点，在保护地栽培中被大面积应用，取得了良好的效益。冲施肥无论是桶装的液体和袋装的固体粉末或膏状（如磷酸二氢钾、尿素、高钙、氨基酸型、酵素菌型），其突出优点是集有机肥的长效性、无机肥（化肥）的速效性、生物肥的稳效性和微生物肥的增效性于一体，是一种高效力复合肥，生产中施用一种产品即可满足作物对多种营养元素的需求。棚室辣椒施用冲施肥有以下好处。

第一，肥效迅速，有利于辣椒增产。在辣椒生长旺盛季节，使用普通追肥方法往往因肥料养分释放转化慢，肥效迟，而影响到产量和品质。特别是冬季大棚栽培常因低温、日照不足等情况，施用常规追肥，往往效果不理想，若选用适合的优质冲施肥，进行冲施，则效果良好。

第二，施用冲施肥无负面效应。因适合作冲施肥的原材料一般都具有水溶性好、营养成分易于吸收、不易被土壤固定、不易板结土壤和无毒害残留的特性，所以施用后无负面效应。

第三，冲施肥施用方便、省工、省力，且不受土壤条件

三、棚室辣椒栽培肥料管理

和辣椒生长季节的限制,不易损伤作物。

第四,冲施肥营养成分多。当前使用的冲施肥,多是含有多种营养成分的复合肥,能满足辣椒对多种养分的需要。

此外,生产中施用冲施肥其主要技术要领是要依据地力和辣椒的不同情况选用适合的肥料品种。如土壤供氮不足,可选用尿素或碳酸氢铵;若土壤缺氮、磷、钾,可选用三元复合肥或磷酸二氢钾、磷酸二铵等肥料作为冲施肥。

33. 棚室辣椒栽培为什么要施用二氧化碳(CO_2)气肥?

二氧化碳是辣椒光合作用的主要原料,在温室、塑料大棚等设施内,由于塑料薄膜阻隔,常会造成棚内二氧化碳缺乏,从而影响了辣椒的光合作用和生长发育。温室大棚内二氧化碳的浓度变化较大,夜间辣椒呼吸产生一定的二氧化碳,土壤微生物活动及有机物的分解发酵释放出大量二氧化碳,使大棚内的二氧化碳浓度逐渐增大,棚室见光前可达到 500~600 毫克/升。见光后,辣椒开始光合作用,消耗二氧化碳,棚内二氧化碳浓度急剧下降,特别是在晴天,如果大棚不通风,棚内二氧化碳浓度在很长一段时间内会处于 100 毫克/升左右低水平,影响光合作用。因此,大棚中增施二氧化碳气肥能显著提高光合效率,从而达到增产的目的。增施二氧化碳气肥既能直接提高光合效率,还可消除辣椒"光合午休"现象,延长有效光合时间。合理施用二氧化碳气肥能明显促进株高、茎粗、叶面积增长,加快干物质积累,使辣椒第一雌花节位下降,单株雌花数明显增加,坐果率提高。同时,辣椒的光合速率也会提高,植株体内糖分积累增加,从而在一定程度上提高了辣椒的抗病能力,还能使叶片和果实光泽好,增加果实维生素C的含量,提高商品性。生产实践证明,合理施用二氧化碳气肥,能使棚室辣椒增产30%左右。

34. 棚室辣椒生产中施用二氧化碳气肥的方法有哪些?

(1)二氧化碳发生器法 该法是利用硫酸与碳酸盐反应产生二氧化碳的方法。具体做法是在大棚内设30个盛硫酸的容器(一般用塑料桶,不宜用金属容器),将塑料小桶挂在不影响田间作业的空间,高度与辣椒植株高度平齐,将98%的工业硫酸按酸与水1:3比例稀释,稀释时应将硫酸加入水中,切忌将水倒入酸中,以免溅出伤害辣椒。每个小桶倒入0.5千克稀酸,每天每小桶加入碳酸氢铵100克,如果加入碳酸氢铵后不冒泡,表示稀酸反应完全。剩余的硫酸与碳酸氢铵混合液对水稀释为80~100倍液用于喷洒叶片,不但能促进辣椒生长,而且能有效地防治病虫害。

(2)增施有机肥料法 在土壤中增施有机肥料,其有机物质经土壤微生物的作用,腐烂分解后可释放大量的二氧化碳,该法经济有效,但释放量有限。有机物的分解

三、棚室辣椒栽培肥料管理

不仅改善了土壤结构,反过来又能促进作物根系对肥料的吸收和利用。

(3)吊袋二氧化碳施肥法　袋装二氧化碳肥产品形态为粉末状固体,由发生剂和促进剂组成,发生剂每袋110克,促进剂每袋5克,将二者混合搅拌均匀,在袋上扎几个小孔,吊袋内的二氧化碳会不断从小孔中释放出来,供植物吸收利用。把装有二氧化碳促进剂和发生剂的小袋吊置于辣椒枝叶上端40~60厘米处,可在棚架两侧固定细铁丝用于吊挂。每袋气肥施用面积30米^{2}左右,每667米^{2}可吊22袋左右,有效期为30天左右,二氧化碳的释放量随着光照和温度的升高而加大,温度过低时二氧化碳释放量则较少。

(4)施用固体二氧化碳法　固体二氧化碳气肥具有物理性状好、化学性质稳定、使用方法安全、肥效长等特点。施肥方法是在辣椒生长旺盛期到来之前,在行间开沟撒施,片剂可每隔30厘米放1片,而后覆土3厘米厚,使土壤保持疏松状态,有利于二氧化碳气体的释放。每667米^{2}施30~40千克,可使棚内二氧化碳浓度达到800~900毫克/升,有效期长达60~80天,有效期在30天左右。注意施肥后通风时以中上部通风为宜。

(5)直接通二氧化碳气体法　直接供气法是利用钢瓶中的液态二氧化碳,在棚温室内根据测定的二氧化碳浓度,随时定期定量施放。此法的优点是气体纯正,供气浓度高、速度快,调控比较方便。缺点是成本高。

(6)通风换气法　此法是棚室辣椒栽培中最经济的

方法,生产中通风一定要结合棚室内温度进行。在保证室内温度不降低的前提下,打开通风口,使室内外空气交流,来补充室内二氧化碳浓度的不足。通风时间以上午10时至下午4时为宜,通风时间长短应根据棚内温度灵活掌握,棚温在30℃以上时进行通风换气,棚温20℃时应关闭通风口。

35. 棚室辣椒生产中施用二氧化碳气肥应注意哪些问题?

二氧化碳是辣椒进行光合作用、制造碳水化合物的原料。空气中的二氧化碳浓度为300毫克/升左右,如果把空气中二氧化碳的浓度通过人工施放的方法提高至1 000~1 500毫克/升,就可以大大提高光合作用的强度,增加辣椒的产量。棚室辣椒生产中施用二氧化碳气肥时必须注意以下几个问题。

(1) 掌握施用浓度　辣椒光合作用最适空气二氧化碳浓度为800~1 500毫克/升,生产中应注意结合天气情况、空气温度及辣椒生长发育阶段特点等灵活掌握施用浓度。

(2) 掌握施用时期　辣椒育苗期不需施用二氧化碳气肥,定植缓苗后可少量施用,生长旺盛期可连续施用40天左右。在施肥期间,要注意加强田间管理,加大昼夜温差,以利于光合产物的积累,可有效防止辣椒早衰。为了防止辣椒徒长,也可以从开花时开始施用。一天中,从植株见光到通风前2小时左右的这段时间为最佳施用时

三、棚室辣椒栽培肥料管理

期。深冬季节二氧化碳施用时间应掌握在棚膜拉起 30 分钟后开始,一般在上午的 9 时至 9 时 30 分,停止时间在上午 11 时左右。下午一般不施用,若需施用应注意施用时间要短,以 1 小时为宜。阴雨天、下雪天不施用。

(3)根据环境条件调控施用 影响二氧化碳吸收利用的因素很多,如水分的多少、光照的强弱、温度的高低等。在辣椒叶片含水量接近饱和时最有利于光合作用的进行。在光照强度一定的情况下,棚室温度是辣椒光合作用的限制因子,影响辣椒吸收二氧化碳气肥的棚室地温临界值为 15℃,高于 15℃ 效果好,低于 15℃ 效果较差,低于 12℃ 无效。地温在 15℃~25℃ 范围内,每增高 1℃,作物光合作用合成的碳水化合物增加 4%。因此,在冬季温室没有增温设施的情况下,地温在 15℃ 以下时不宜施用二氧化碳气肥。

(4)加强肥水管理 在增施二氧化碳气肥以后,辣椒的光合强度显著提高,根系吸收能力增强,施肥浇水要跟上,追肥可选用三元复合肥,可以有效防止植株徒长,使辣椒生长壮而不旺,稳而不衰。

36. 辣椒缺少氮肥的症状表现、发生原因及防治方法是什么?

(1)症状表现 辣椒缺少氮肥整个植株生长不良,尤其老叶容易出现症状。从基部叶开始变黄,逐渐向新叶发展,植株长势弱,叶小,果小。叶色变浅,老叶黄化,严重时干枯脱落,花蕾停止发育并变黄,心叶变小。

(2)发生原因 ①土壤本身含氮量低。土壤有机质含量少,有机肥施用量少,造成土壤供氮不足。②种植前施大量未腐熟的作物秸秆或未腐熟的有机肥,碳素较多,在分解时会夺取土壤中的氮素。③土壤板结,可溶性盐含量高,辣椒根系活力减弱,吸氮量减少,也容易表现出缺氮症状。④产量高,收获量大,从土壤中吸收氮多而没有及时补充氮肥。

(3)防治方法 ①增施氮肥。②施用完全腐熟的堆肥,并要深施。③土壤板结时,可多施一些微生物肥。④发现缺氮症状应及时采取补救措施,可追施速效氮肥,每667米^{2}用5~6千克纯氮,溶解在灌溉水中,随水冲施。也可叶面喷施0.2%~0.5%尿素溶液。

37. 辣椒缺少磷肥的症状表现、发生原因及防治方法是什么?

(1)症状表现 ①苗期缺磷,植株瘦小、发育缓慢。②成株期缺磷,叶色深绿、叶尖变黑或枯死、生长发育停滞、从下部开始落叶、不结果。

(2)发生原因 ①土壤含磷量低,有机肥施用量小,磷肥用量少造成土壤供磷不足。②地温常常影响辣椒对磷的吸收。地温低,辣椒对磷的吸收就少,日光温室等保护地冬春或早春地温较低,易发生缺磷。③多年连作的酸性土壤容易造成辣椒缺磷。土壤若为酸性,磷则变为不溶性,不能被辣椒吸收利用。

(3)防治方法 ①种植前,施足过磷酸钙或磷酸二铵

三、棚室辣椒栽培肥料管理

作基肥。②生长期间发现缺磷,可用 0.2% 磷酸二氢钾溶液或 0.5% 过磷酸钙浸出液叶面喷施。

38. 辣椒缺钾的症状表现、发生原因及防治方法是什么？

(1)症状表现　辣椒缺钾在花期表现明显,植株生长缓慢,下部叶尖和叶缘变黄或呈黄褐色,有黄色小斑。以后往中肋扩展,与叶脉附近的深绿部分对比清晰,下部叶片脱落。植株易失水造成枯萎,果小且易落。

(2)发生原因　①土壤中含钾量低,施用堆肥等有机质肥料和钾肥少,造成土壤缺钾。②地温低、日照不足、土壤过湿、施铵态氮肥过多等因素阻碍辣椒对钾的吸收。

(3)防治方法　①每 667 米^2 可用硫酸钾 10～15 千克,分期在植株两侧开沟追施。②可用 0.2%～0.3% 磷酸二氢钾溶液或 10% 草木灰浸出液叶面喷施。③施用充足的堆肥等有机质肥料作基肥。

此外,生产中应注意缺钾与缺镁的区别。缺钾从叶缘开始失绿,并向内侧扩展,变色部分与绿色部分对比清晰。缺镁是从叶内侧开始失绿。

39. 辣椒缺钙的症状表现、发生原因及防治方法是什么？

(1)症状表现　植株生长缓慢,生长点畸形,植株矮小。顶叶黄化而下部叶保持绿色,生长点及其附近叶片枯死或停止生长,易产生脐腐果。

(2)发生原因 ①连续多年种植,并过量施用氮、钾肥。②土壤缺水,造成土壤溶液浓度急剧增加,由于离子的颉颃和互协作用,导致辣椒缺钙。③空气干燥、植株蒸发量大,补水不足。④土壤中钙虽多,但土壤盐分浓度高时也会发生缺钙。

(3)防治方法 ①施用腐熟农家肥,增加腐殖质含量,缓冲钙元素波动的影响。②若土壤钙不足,可施用含钙肥料,如硅钙肥等。③平衡施肥,避免一次施用大量的钾肥和氮肥。④要适时浇水,保证水分充足。⑤在生长过程中,若出现缺钙症状可叶面喷施 0.3％氯化钙溶液补钙。

40. 辣椒缺镁的症状表现、发生原因及防治方法是什么?

(1)症状表现 辣椒在生长初期没有症状表现,果实膨大期症状出现,主要表现为靠近果实叶片的叶脉间发黄。缺镁与缺锌的区别为缺镁症状不在新叶上出现,而且缺镁多在土壤 pH 值较低时发生。

(2)发生原因 ①土壤含镁量低,尤其是碱性土壤极易出现缺镁现象。②施用氮、钾肥过多时,由于离子的颉颃作用,会阻止辣椒对镁的吸收。③土壤缺水,有机肥不足,引起缺镁。④低温影响根系对镁的吸收。

(3)防治方法 ①缺镁土壤,在栽培前要施用足够的含镁肥料。②避免一次施用过量的、阻碍对镁吸收的钾、氮等肥料。③在生长过程中若出现缺镁症状,可用1％~

三、棚室辣椒栽培肥料管理

2%硫酸镁溶液叶面喷施,每隔10天喷1次,连喷2次即可缓解症状。

41. 辣椒缺锌的症状表现、发生原因及防治方法是什么?

(1)症状表现　辣椒缺锌时,从新叶开始出现症状,并逐渐向较大的叶片扩展;叶小并呈丛生状,新叶上发生黄斑并逐渐向叶缘发展,致全叶黄化。缺锌与缺锰的区别为缺锌时黄斑部分与绿色部分对比鲜明,缺锰时新叶变黄。

(2)发生原因　①土壤干旱缺水。②土壤有机质含量低。③酸性、淋溶的沙质土含锌量低。④土壤含磷过量或其他元素不平衡等。⑤光照过强易发生缺锌。

(3)防治方法　①不要过量施用磷肥。②缺锌时,可以施用硫酸锌,每667米^{2}用1.5~2千克为宜。③严重缺锌、铁时,用0.1%~0.3%硫酸锌溶液叶面喷施。

42. 辣椒缺铁的症状表现、发生原因及防治方法是什么?

(1)症状表现　辣椒缺铁时,幼叶、新叶呈黄白色,靠近果实叶片的叶脉间发黄,叶脉残留绿色;顶端新生叶上症状表现明显。在土壤呈酸性、多肥、多湿的条件下易发生缺铁症。缺铁与缺锰的区别为缺铁时顶叶近黄白色,叶面喷施硫酸亚铁溶液后2~3天叶色变绿,缺锰时新叶变黄。

(2)发生原因　磷肥施用过量,碱性土壤,土壤中铜、锰过量,土壤过干、过湿及温度低等均易发生缺铁。

(3) 防治方法 ①尽量少用碱性肥料,防止土壤呈碱性,土壤适宜的 pH 值为 6～6.5。②注意土壤水分管理,防止土壤过干、过湿。③缺铁的土壤,每 667 米^2 可施用硫酸亚铁 2～3 千克作基肥。④在严重缺铁时,可用 0.1%～0.5%硫酸亚铁溶液或柠檬酸铁 100 毫克/升溶液叶面喷施。

43. 辣椒缺硼的症状表现、发生原因及防治方法是什么?

(1) 症状表现 顶叶黄化、凋萎,顶端茎及叶柄折断,茎内部变黑,茎上有木栓状龟裂。

(2) 发生原因 ①在酸性的沙壤土上,一次性施用过量的碱性肥料,易造成土壤缺硼。②有机肥施用量少,土壤碱性高的日光温室土壤易发生缺硼。③施用过多的钾肥或土壤干燥影响辣椒对硼的吸收,易发生缺硼症状。

(3) 防治方法 ①土壤缺硼,可在定植前每 667 米^2 施用硼砂 0.5～1 千克,同时应多施腐熟的有机肥。②要适时浇水,防止土壤干燥。③增施磷肥,可促进对硼的吸收。④在严重缺硼时用 0.1%～0.25%硼砂或硼酸溶液叶面喷施。

此外,硼过剩症表现为从下部叶的叶脉间发生褐色的坏死小斑点,逐渐往上部叶发展。

44. 辣椒缺锰的症状表现、发生原因及防治方法是什么?

(1) 症状表现 辣椒缺锰时,新叶叶脉间呈黄绿色,

三、棚室辣椒栽培肥料管理

不久变褐色,叶脉仍为绿色。

(2)发生原因 ①土壤质地黏重。②土壤通气不良。③土壤碱性不利于锰的吸收。④肥料施用量过多,造成土壤盐分浓度过高时,影响锰的吸收。

(3)防治方法 在辣椒生长期或发现植株缺锰时,用1‰硫酸锰溶液叶面喷施。

45. 辣椒缺钼的症状表现、发生原因及防治方法是什么?

(1)症状表现 辣椒缺钼,果实膨大时开始表现症状,叶脉间发生黄斑,叶缘向内侧卷曲。

(2)发生原因 ①土壤中硝态氮过多时易发生缺钼。②酸性土壤易发生缺钼。

(3)防治方法 在辣椒生长期或发现植株缺钼时,用0.01%~0.1%钼酸铵溶液叶面喷施,或在灌溉水中施用钼酸钠,或在土壤中施用生石灰,以改善土壤中pH值,促进辣椒对钼肥的吸收。

46. 如何诊断与区别棚室辣椒缺素症?

棚室辣椒缺素症状表现复杂,在生产中应正确诊断与区别,对症采取相应措施进行防治。辣椒缺素症状表现对比如表3-1所示。

表 3-1　辣椒缺素症状对比

缺素症	症状发生部位	主要症状表现	与相似症状的区分
缺氮症	整个植株生长不良，尤其老叶容易出现症状	从基部叶开始变黄，逐渐向新叶发展，植株长势弱，叶小，果小	
缺磷症		叶小，顶叶深绿色，下部叶带紫色	
缺钾症	症状自果实膨大时开始出现，主要在成熟叶片上	下部叶尖和叶缘变黄，有黄色小斑。以后往中肋发展，叶尖和叶缘呈黄褐色，与叶脉附近的深绿部分对比清晰。下部叶片脱落	缺钾与缺镁的区别：缺钾从叶缘开始失绿，向内侧扩展，变色部分与绿色部分对比清晰。缺镁是从叶内侧开始失绿
缺钼症		叶间间发生黄斑，叶缘向内侧卷曲，硝态氮多时容易发生	土壤酸性容易发生，中性和碱性土壤不易发生
缺镁症	症状出现在靠近果实的叶片上。初期多不发生，果实膨大时症状才出现	果实膨大时，靠近果实片的叶脉间开始发黄	缺镁与缺锌的区别：缺镁症状不在新叶上出现，缺镁多在pH值较低的时候发生
缺铁症	顶端新生叶上表现症状	幼叶新叶呈黄白色，靠近果实叶片的叶脉间开始发黄	缺铁与缺锰的区别：缺铁顶叶近黄白色，叶面喷施硫酸亚铁2～3天后叶色变绿，可以判定为缺铁
缺锰症	从新叶开始出现症状，并逐渐向较大的叶片扩展	新叶的叶脉间变黄绿色，叶脉仍为绿色。变黄部分不久变为褐色	缺锰时新叶黄，缺锌时黄斑部分与绿色部分对比鲜明
缺锌症		叶小丛生状，新叶上发生黄斑，逐渐向叶缘发展，至全叶黄化	
缺硼症	茎及叶柄上出现症状	顶叶黄化，凋萎，将顶端茎叶及叶柄折断时，可看到内部变黑色。茎上有木栓状龟裂	中性至偏碱性土壤上易发生
缺钙症	果实出现症状	辣椒果实顶部腐烂	多发生在酸性土壤上

三、棚室辣椒栽培肥料管理

47. 棚室辣椒栽培中如何正确施用磷肥？

辣椒对磷素特别敏感，在栽培中适时适量地正确施用磷肥，才能获得较好的经济效益。

第一，棚室辣椒栽培中磷肥宜早施、细施、集中施、分层施。辣椒苗期吸收磷最多，若苗期缺磷，会影响整个生育期的生长发育，因此苗期应早施磷肥。施用时要把磷肥打碎并过筛，以利于根系吸收。磷容易被土壤中的铁、铝、钙等元素固定而失效，故应穴施、条施集中施用，或在底层和浅层分层施用。

第二，棚室辣椒栽培磷肥适宜与有机肥、氮肥混施。特别是钙镁磷肥与有机肥混合施用，可使磷肥中难溶性的磷，转化为辣椒能吸收利用的有效磷。与氮肥混合施用，可平衡养分，促进辣椒根系生长，利于丰产。

第三，根外喷施。棚室辣椒生长后期，根系老化，吸收养分的能力减弱，常造成缺磷。可用1％过磷酸钙浸出液喷洒叶片，喷施宜在晴天的早上或傍晚进行。

第四，根据棚室土壤性质选择施用适宜的磷肥种类。如过磷酸钙是酸性肥料，适宜中性、碱性土壤施用，而钙镁磷肥最好用在偏酸性土壤中。

第五，棚室辣椒栽培中应注意磷肥不能与碱性肥料混施。草木灰、石灰等均为碱性物质，若与磷肥混合施用，会使磷肥的有效性显著降低，对辣椒增产不利。

48. 棚室辣椒生产中如何科学实施测土配方施肥?

棚室辣椒测土配方施肥,首先要进行土壤测试,掌握土壤肥力状况,然后根据辣椒需肥规律、土壤供肥性能和肥料效应,在合理施用有机肥料的基础上,提出氮、磷、钾及中、微量元素等肥料的施用数量、施肥时期和施用方法,以及相应的施肥技术。具体方法步骤如下。

(1)土样采集 首先要确定采样点,采样点的分布要尽量做到等量、均匀和随机。在采样区内沿"之"字形线或蛇形线等距离随机取 5~10 个样点的土样,采样点要避开粪堆、地边等特殊位置。采样点确定后,每点垂直采集耕层(0~20 厘米)的土壤,并将多点样土混合。一个混合土样取土 1 千克左右,用四分法将多余的土壤弃去。将土样装入土袋后,写好标签,注明采样地、采样深度、日期、采样人姓名,以备化验。

(2)基本情况调查 调查记载取样棚室地块种植辣椒品种、产量水平、土壤类型、施肥水平等有关事项。

(3)土样分析 按照土壤分析技术,分析所测定土壤的养分属性,包括测定土壤碱解氮、有效磷、速效钾、有效硼和有效锌等大量元素及中、微量元素含量。

(4)制订施肥方案 根据所取得的基础信息数据,人工或应用测土配方施肥专家系统软件进行分析处理,制订出辣椒不同耕地类型的不同平衡施肥方案。

三、棚室辣椒栽培肥料管理

49. 棚室辣椒生产中为什么氮肥宜分次追施、磷肥宜集中深施?

棚室辣椒生长发育过程中,氮素营养条件对辣椒的生长发育影响明显,氮素营养正常,能促进辣椒叶绿素的形成,使辣椒植株茎叶色泽深绿,发育健壮。但是,一次施用氮素过多,容易促进辣椒植株体内蛋白质和叶绿素的大量形成,造成植株徒长,叶面积增大,影响通风透光,使植株茎秆软弱、抗病性差。所以,氮素宜分次少量追施。而磷肥施入土壤后,容易发生磷的固定,使磷的移动性变差,阻碍辣椒根系对磷的吸收,因此要尽量减少磷肥与土壤的接触面,以便减少土壤对磷的吸附固定。所以,磷肥的施用要做到集中深施。

50. 棚室辣椒栽培中氨气危害症状表现、发生原因及防治方法是什么?

(1)症状表现　棚室辣椒栽培由于棚室密闭易发生氨害。氨气从叶片的气孔进入,受害部位初期呈水浸状,后干枯呈暗绿色、黄白色或淡褐色病斑,叶缘呈"灼伤"状,严重时辣椒叶片在很短时间内完全干枯,可造成全株枯死。

(2)发生原因

第一,棚室土壤呈碱性时,施用氮肥如硫酸铵、固体尿素等,施肥量过大或表施或覆土过薄,均会直接产生氨气,造成危害。

第二,棚室土壤施用未腐熟的厩肥、人粪尿、鸡粪、鸭粪及饼肥等,肥料在温室内发酵,会间接产生氨气,造成危害。

第三,铵态氮肥或有机肥在分解时会先放出铵态氮,铵态氮在亚硝化细菌和硝化细菌的作用下,发生由铵向亚硝酸或硝酸转化的生物化学反应。在地温较高、土壤肥沃的条件下,这一过程很快,不会造成铵态氮积累,但如果土壤盐渍化,或施用了大量铵态氮肥,铵态氮的硝化受到抑制,产生铵态氮积累时,就会挥发出大量氨气,造成危害。

(3)防治方法

第一,棚室辣椒栽培施肥,应以充分腐熟的有机肥为主,不要在室内堆沤可能产生大量氨气的肥料,如生鸡粪、生鸭粪、饼肥等。

第二,不要将能直接或间接产生氨气的肥料撒施在地面上,追施尿素、硫酸铵时每次的施用量不要过大,可少施勤施,并开沟深施,施后用土盖严,及时浇水。

第三,低温季节不施用尿素。因为施入土壤中的氮肥,不论是有机态还是无机态,都需要在土壤微生物的作用下,经历一系列的转化,最终变为硝态氮供辣椒吸收利用。尿素从酰胺态转化为铵态,在春、秋季需要 6～8 天,夏季需要 2～3 天。尿素被硝化细菌转化为铵态氮,以 30℃～45℃条件下最快,从铵态氮再被硝化细菌转化为硝态氮以 20℃～25℃条件下最快。硝化细菌在温度为 15℃以下时,会受到严重抑制,转化过程几乎不能进行。

第四,及时检查氨气浓度。在早晨用 pH 试纸蘸取棚

三、棚室辣椒栽培肥料管理

膜水滴,然后与比色卡比色,读出 pH 值,当 pH 值大于 8.2 时,将会发生氨气危害,应立即通风,排除氨气。当棚室空气中氨气浓度达到 5 毫克/升时,就会使辣椒受害,应立即通风排除。

第五,棚室辣椒发生氨气危害后,应立即采取补救措施。发现危害后立即通风换气,排除有害气体,并摘除受害叶片;立即浇水,减少氨气挥发,降低氨气浓度;在辣椒叶的反面喷洒 1‰食醋溶液,有明显效果;加强肥水管理,使其慢慢恢复生长。

四、棚室辣椒栽培水分管理

1. 棚室辣椒栽培在水分管理上存在哪些问题?

通过调查发现,目前,在棚室辣椒栽培水分管理上存在的问题,一是采用大水漫灌,浇水后尤其是刚浇完的前两天,易引起棚内湿度加大。二是采用清晨和傍晚浇水,易引起辣椒冻害。三是不看天气和辣椒需水规律、生育时期、墒情、棚内湿度盲目浇水。四是不看病虫害发生状况,缺少预防意识,乱浇水。

2. 棚室辣椒生产中明水栽苗法和暗水栽苗法的栽植方法和特点是什么?

辣椒明水栽苗法是整地做畦后,先按照株行距开穴栽苗,栽完苗后按照栽培畦或田块统一浇定植水的方法。该法操作简单省工,速度快,适用于高温季节定植。但在早春栽植时如果栽后浇水过多,土壤水分蒸发量大,容易引起温度明显降低,不利于幼苗的根系生长,缓苗慢。同时,明水栽苗易引起土壤板结、裂缝,保墒能力差。

辣椒暗水栽苗法是先在畦内按照行距开沟或挖穴,随即按沟(穴)浇水,在水下渗时将苗按株距栽入沟(穴)

内,待水全部渗下后封沟(穴)覆土。这种方法用水集中,用水量小,地温下降幅度小,覆土后表层不易板结,土壤透气性好,有促进幼苗发根和缓苗作用。但是较费工费时,对土壤平整度要求高,适合早春定植使用。

3. 棚室辣椒栽培采用大水漫灌有哪些弊端?

辣椒不耐旱,不耐涝,土壤水分含量以 70%~80% 为宜,空气相对湿度白天以 60%~80%、夜间以 80% 为宜。采用大水漫灌的弊端,一是辣椒大水漫灌后会造成地温迅速降低,空气湿度变大。在冬季辣椒会出现寒根、沤根病害。特别是在遇到雨雪天气,空气湿度大时,叶片表面形成的水膜会干扰气体交换,使光合作用、蒸腾作用均出现障碍,影响辣椒对养分、水分的吸收,植株长势减弱,病害加重。二是辣椒栽培大水漫灌容易诱发各种病害,如辣椒霜霉病等。生产中需要浇水时,要选晴天的上午,浇小水,这样既能提高地温,又能排湿;另外注意在浇水的前 1 天,先喷 1 遍保护性的农药。若浇水后的第二天遇到雨雪天气,可燃放烟剂农药进行防护。三是辣椒栽培中用大水漫灌,易造成土壤板结,影响辣椒根系生长。

4. 影响辣椒种子吸水的因素有哪些?

影响辣椒种子吸水的因素,一是辣椒种子本身的质量。饱满辣椒种子和瘪瘦辣椒种子吸水量和速度差别较大。二是外界的温度。浸种水温不同,辣椒种子的最大吸水量和吸水速度差别较大。一般 25℃～28℃ 为适宜温度。

5. 棚室辣椒栽培采用地膜覆盖为什么会增产?

第一,地膜覆盖最显著的效果是提高地温。地膜覆盖能充分利用太阳光能,减少土壤及地表面的有效辐射和热损失。0～10 厘米深的土层比不覆盖地膜的地温提高 3℃～6℃。

第二,保持土壤湿润。覆盖地膜后可防止水分蒸发,保持土壤水分相对稳定,使土壤湿度经常保持在辣椒所要求的适宜范围,不仅浇水次数减少,浇水前后的湿度变化不明显,而且水分可缓慢地横向渗入土层。

第三,改善土壤结构和营养条件,提高肥料利用率。采用地膜覆盖可避免浇水直接冲击畦土表面,能有效防止土壤板结和养分流失,为土壤微生物创造良好的活动环境,加速土壤有机质分解,增加土壤中速效养分的含量,改善土壤的供肥性状,显著促进辣椒对矿质养分的吸收。

第四,减少劳力投入。地膜覆盖蒸发量小,浇水次数可以减少;不易板结,不需要中耕松土;盖膜后杂草不能萌发,畦面不需要除草。

第五,采用地膜覆盖,辣椒地上部分生长速度和果实膨大速度快,开花结果提早;而且黑色地膜阻止了光热的透

四、棚室辣椒栽培水分管理

入,可使膜下土层温度降低3℃~5℃,利于辣椒根系生长。

第六,减少病虫害。由于土壤水分蒸发受抑制,田间空气湿度降低,使因湿度过高而引起的病害减少。地膜覆盖还能防止害虫侵入地下土层,提高预防效果。同时,薄膜的反光作用对驱除蚜虫有较明显的效果,因而能减少蚜虫为害和由其传播引起的病害。

第七,增加下部叶片的光照。随着辣椒苗的不断生长,下部叶片被荫蔽,光合作用减弱,覆盖银灰膜后,可以使植株下部反射光增强,促进下部叶片的光合作用,降低消耗,有利于产量的提高。

6. 棚室辣椒采用膜下浇水的优点有哪些?

采用膜下浇水的优点一是可以减少水分蒸发,降低空气相对湿度,缓解通风排湿与保温的矛盾。特别是在冬季温度较低时,效果更好。二是可以防止棚顶滴下的水珠溅到地面泥土上后反溅到辣椒上,使辣椒染病。三是可以抑制杂草的出现,减少杂草对养分的消耗。

生产中应注意,在春末和夏季高温时,需要将地膜除掉,以利于水分蒸发,增加空气相对湿度。

7. 棚室辣椒栽培采用滴灌有哪些优点和缺点?

(1)优点 一是滴灌节约水肥。滴灌按辣椒需水量适时适量地浇水,减少了水分损失,可比地面浇灌及喷灌节水40%~60%,干旱地区达90%。同时肥料和药剂可通过灌水系统与水一齐施入,省工节能效果非常显著。二是滴灌能有效控制每个灌水器的出水流量,使浇水均匀一致,均匀度可高达80%~90%。三是滴灌利于增产。滴灌能适时适量地直接向辣椒根系附近提供肥水,可调节辣椒和温室大棚的温、湿度,减少病虫害的发生,同时还可避免土壤板结,为辣椒生长提供良好的生长条件,有利于增产。与其他灌水方法相比较,可增产20%~40%。四是滴灌浇水速度可快可慢,对于入渗率很低的黏性土壤,灌水速度可以放慢,使其不产生地面径流,对于入渗率很高的沙质土,灌水速度可提高,缩短灌水时间或进行间歇灌水,这样既能使辣椒根系层经常保持适宜的土壤水分,又不至于产生深层渗漏。

（2）**缺点** 一是滴灌系统所需设备和材料较多,一次性投入较大,成本较高,生产中每667米^{2}增加投入4 000~5 000元。二是滴水探针容易堵塞。滴水探针堵塞是滴灌应用中最主要的问题,堵塞使毛细管管路出水不匀,严重时会使整个系统无法正常工作,甚至报废。三是滴灌对水质要求较高,一般水均应过滤,必要时还需经过沉淀和化学处理。四是滴灌易引起盐分积累。在含盐量高的土壤上进行滴灌时,盐分会积累在湿润区的边缘,这些盐分可能会被冲到辣椒根区而引起盐害,需用水冲洗。五是滴灌液必须及时用完,否则易引起溶液的酸碱度变化,发生沉淀。

四、棚室辣椒栽培水分管理

8. 棚室辣椒栽培生产中常用的空气湿度调节方法有哪些？

第一，通风换气调节法。通过通风换气将棚室内的湿气排除，换入外界干燥的空气，这是最简易的除湿方法。生产中应注意处理好保温与降湿之间的矛盾，不要顾此失彼，温度较低时，保温比排湿显得更为重要。

第二，采用无滴膜覆盖调节法。无滴膜可以克服膜内侧附着大量水滴的弊端，能明显降低空气湿度，而且透光率比一般农膜高10％～15％，既有利于增温，又能降低空气湿度。

第三，地膜覆盖调节法。地膜覆盖可以降低地面水分蒸发，减少浇水次数，从而降低空气湿度。

第四，采用滴灌或渗灌调节法。滴灌、渗灌在温室内使用，除了具有省水、省工、省肥、省药、防止土壤板结和防止地温下降外，更重要的是可降低空气相对湿度约10％。

第五，膜下滴灌调节法。膜下滴灌综合了地膜覆盖和滴灌的共同优点，是温室降低空气湿度的最有效措施。方法是地面起高垄，然后在高垄中央放上滴灌管，再覆盖地膜。

第六，采用粉尘法及烟雾法用药可降低湿度。温室内的空气湿度本来就很大，采用常规的喷雾法用药还会增加湿度，而采用粉尘法及烟雾法用药，可以避免由于喷雾而加大空气湿度，并提高防治效果。

第七,升温调节法。早晨揭苫后,一般情况下不要立即通风,在不伤害辣椒的前提下,应尽量提高温度(可让温度上升至32℃)。随着温度的上升,湿度就会逐渐下降。

第八,中耕调节法。利用晴天室温较高时,浅锄地表,既加快了表土水分蒸发,同时又切断了土壤毛细管,阻止深层水分上移,降低空气湿度。

第九,安装风扇,形成微风调节湿度。风扇应安装在温室上部的两头及中间,形成5厘米/秒的风速,可有效调节棚室湿度。

第十,需要增加棚室湿度时,可采用除掉地膜、棚室内喷水、适当遮荫、大水漫灌(一般不用)等措施。

9. 越冬茬棚室辣椒,空气湿度变化大易发生哪些病害?怎样防治?

越冬茬棚室辣椒栽培,9月底育苗,翌年6月份拉秧,生产时间较长。每年进入9月下旬以后,棚室温度白天较高、夜间较低,使辣椒叶片干燥和湿润交替出现,易发生白粉病,发病初期可用30%氟菌唑可湿性粉剂1 200倍液,或10%苯醚甲环唑水分散粒剂1 200倍液加75%百菌清可湿性粉剂600倍液喷雾防治。进入冬天高湿阶段后辣椒白粉病可不治而愈,而此时易发生茎基腐病,发病初期可向茎基部喷施甲基立枯磷乳油1 000倍液加50%福美双可湿性粉剂600倍液。为了预防辣椒霜霉病和角斑病,可在定植后喷1~2次60%氟吗啉可湿性粉剂900倍液,或722克/升霜霉威水剂600倍液。

10. 棚室辣椒栽培进行中耕有什么好处?

一是浇水前干旱中耕,能切断土壤毛细管,促进上部水分蒸发,减少下部水分蒸发,同时使耕作层多蓄水有保墒作用。二是浇水后中耕,增大表层土壤与空气接触面,促进蒸发,同时能切断表土毛细管,减少下部水分蒸发,调剂土壤和空气湿度。三是中耕有疏松土壤,增加土壤透气性,使辣椒根部氧气增多,促进土壤微生物分解有机质,并使土壤中有毒气体排放的作用。

11. 棚室辣椒生产中如何科学通风排湿?

(1)通风的作用 ①降温。不管越冬茬,还是冬春茬辣椒栽培,晴天中午时分棚室内气温若高达40℃以上,植株体内多种合成分解酶、辅酶失去活性,作物代谢作用、光合作用停止,无干物质生成;同时,植株局部会受到热害,时间过长会导致整株作物死亡。因此,需要通风来降低棚室内温度,将其调控为辣椒最适宜生长的温度,一般应控制在24℃～30℃。②排湿。冬天温度低,棚室内相对湿度增加,半夜至早晨揭苫前空气相对湿度有时可达100%,同时棚膜表面水珠凝结下滴以及室内产生雾气等,常使辣椒叶面湿度过大,易发生病害,因此应及时通风排湿。③调节棚室内气体平衡。农药分解出有害气体,粪肥释放氨气,质量不好的地膜、棚膜释放出有害气体等,这些有害气体都会危害辣椒生长,应及时通风排出棚室。同时,通风能及时补充棚内二氧化碳,利于作物的光合作用。

(2)通风的方式 在冬季通风主要是靠放顶风方式来完成。在生产中有经验的菜农通常采用"一天两通风"或"一天三通风",以起到排出棚内湿气和有害气体,补充棚内二氧化碳和降温的作用。

(3)通风的方法 不同的天气情况通风方法有差异。①晴天主要是控制温度。白天上午温度达到20℃时,开始通风,下午温度降至20℃左右时,通小风,温度降为18℃左右时,关闭通风口。傍晚至上半夜是辣椒养分转化和输送的主要时期,此时温度以18℃～20℃为宜。下半夜辣椒呼吸作用加强,养分消耗较多,温度应控制在13℃～15℃,以减少呼吸作用的营养消耗。②阴天主要是在保温的情况下控制湿度。在气温不低于13℃时早晨通风30分钟,中午温度较高时通风1～2小时,傍晚通风30分钟左右,之后盖草苫。③雨雪天或大风降温天气可在中午12时左右适当通小风30分钟,达到既交换了气体,又使气温不会陡然下降。生产中应注意不能只顾保温而忽视二氧化碳的补充,影响光合作用。

12. 棚室辣椒生产中如何按照三看来浇水?

(1)看天 棚室辣椒浇水要选择晴好天气进行,同时要注意收看天气预报,了解拟浇水时间以后的2～3天内

四、棚室辣椒栽培水分管理

的天气变化情况,如果是阴雨雪天气为主,应尽量避免按拟定时间浇水,以防止棚室内湿度过大,气温及地温过低,造成病害的大流行。深冬季节,如果近几天刚刚遭遇过连阴天气,不适合浇水,应等棚室内气温、地温上升后,方可考虑。

(2)看苗　看辣椒植株长势状态,清晨叶片向上挺立,中午不下垂,为不缺水。叶色暗绿,中午萎蔫,即为缺水症状。清晨叶片边缘有水珠,上部叶色较浅,是水分充足的表现。冬、春季棚室往往湿度大,容易造成灰霉病等病害发生,因此浇水前应进行病害防治。

(3)看地　要看土壤墒情,如果在大棚土壤不旱时浇水,不但不利于提高地温,而且还容易导致土壤透气性变差,致使根际缺氧,造成沤根、烂根和减少毛细根的数量,降低根系吸收养分的能力,出现黄叶现象,也有可能表现出某些缺素的症状。辣椒喜温不耐霜冻,根系生长的最适日平均地温为22℃左右,当地温降至10℃时,根系停止生长;低于8℃时,根系开始腐烂。而深冬季节,大棚内地温多在15℃~20℃,如果浇水过量或是浇水时机不对,就会使地温迅速下降。因此,冬季地温低时浇水最好在上午拉开草苫后地温升高时进行,5月份以后,气温已高,以早、晚浇水为宜。

13. 棚室辣椒缓苗后需要立即浇水吗？冬季浇水应注意哪些问题？

棚室辣椒缓苗后,因为苗秧小、叶小,耗水量少,而且定植时已经浇足了水,所以不需要立即浇水。为了促进根系生长,同时避免高湿、高温,造成幼苗徒长,影响花芽分化,降低抗病能力,缓苗后应控制浇水。辣椒缓苗后第一次浇水时间应掌握在门椒鸡蛋大小时进行。

棚室辣椒在冬季生产中温度低、光照弱、通风少,因此冬季浇水应注意下列问题。

第一,注意浇小水,不浇大水。因浇水量越大,地温下降幅度也就越大,所以冬季浇水要控制浇水量,只浇小沟不浇大沟,严禁大水漫灌。

第二,选择晴天浇水,阴天不浇水。晴天气温上升快,浇水后不会明显降低地温。

第三,选择午前浇水,午后不浇水。在上午日出后2小时左右,地温明显回升后开始浇水。上午浇水后,土壤温度可以得到再提高;同时,还可适当通风排湿,降低温室内湿度,预防病害。下午土壤温度下降快,浇水后难以再提高恢复地温,而且也不能通风排湿,容易发生病害。

第四,久阴后初晴天气不宜浇水。久阴初晴后气温上升快,地温上升慢,浇水后容易因地温过低根系吸水不足,茎叶生理失水,造成辣椒植株萎蔫。

第五,采用膜下浇水。在小沟地膜下浇水,利用地膜来阻止水分蒸发到棚室内,从而降低棚室内的湿度,减少病害的发生。

第六,采用滴灌法。在棚室内一侧,建一水池,把水注入池内,池口用薄膜封住让水升温,并防止池水蒸发而增加棚室内湿度。利用棚室的热量将水加温后再采用滴

四、棚室辣椒栽培水分管理

灌法浇灌。

第七,选择浇井水,不浇河水。井水温度相对稳定,浇灌后不会使土壤温度下降太大。冬季河水水温低,直接用河水浇辣椒,会明显降低地温,对辣椒生长不利。

14. 棚室辣椒生产中春季如何浇水才能提高空气相对湿度?

辣椒生长虽然不需要较高的土壤湿度和空气相对湿度,但春季温度高,蒸发量大,造成空气相对湿度降低,不利于辣椒正常生长发育时,采取浇水的方法可以提高棚室内空气相对湿度。目前,生产中常用的浇水方法有以下几种。一是除去棚室内覆盖的地膜,进行浇水,以加大蒸发。二是棚室内采用喷灌法浇水,以增加空气湿度。三是采用遮阳网等措施适当遮荫,降低温度,可提高空气相对湿度。四是增加浇水次数,每隔3~5天浇1次水,并采用小沟全浇水,大沟间隔浇水办法增加湿度。

五、棚室辣椒各茬口土肥水管理技术

1. 棚室辣椒栽培如何进行茬口安排？

辣椒保护地栽培形式很多,基本上实现了周年生产,均衡供应的目标。华北地区早春栽培,可在12月份至翌年1月份播种育苗,3月上旬定植于保护设施内;夏季栽培可于4月份播种育苗,6月上旬前茬作物收获后定植;秋冬茬一般是7月下旬至8月上旬播种育苗,9月上中旬定植,定植后40~50天始收,也可越夏连秋生产,翌年1月中旬至2月初结束。冬春茬多从10月中旬至11月初播种育苗,翌年1月份至2月中旬定植,3月上旬至4月初始收,6月底7月初结束。越冬茬一般在9月上旬播种育苗,苗龄40~50天,定植后40~50天始收,直到翌年6~7月份结束。各地棚室辣椒栽培茬口安排,应根据当地实际情况和当年气候条件等因素灵活掌握。具体栽培茬口安排如表5-1所示。

表5-1 华北地区棚室辣椒栽培茬口安排

茬 口	播种期	定植期	收获期
日光温室早春茬	11月中旬至12月份	2月上旬至3月上旬	4月下旬至7月份

五、棚室辣椒各茬口土肥水管理技术

续表 5-1

茬　口	播种期	定植期	收获期
日光温室冬春茬	10月中旬至11月下旬	翌年1月下旬至2月上旬	3月中下旬至7月末
日光温室秋冬茬	7月中下旬至8月上旬	9月中下旬	11月上旬至翌年1月末
塑料大棚越夏连秋栽培	1月上中旬在温室内育苗	3月下旬至4月上旬	5月下旬至7月上中旬，二茬果从8月下旬至10月下旬
秋延后茬	7月上中旬	8月上中旬	10月中旬

2. 如何进行棚室辣椒冬春茬肥水管理？

冬春茬棚室辣椒生产是在一年之中日照最差、温度最低的季节，对植株生长十分不利，技术管理要求比较严格，在肥水管理方面，应做好以下几点。

第一，施足基肥。冬春茬辣椒基肥，既要能满足辣椒长期生长发育和结果对养分的需要，又不能过量而产生肥害，要做到有利于提高土壤的通透性和贮热保温能力。因此，基肥应以腐熟的秸秆堆肥、牛马粪、禽粪猪圈粪和粪稀为主。每667米^{2}可施腐熟鸡粪8～10米^3。

第二，加强缓苗期的管理。定植后的缓苗期对苗齐苗壮至关重要，直接关系到辣椒的产量与质量。在定植后的15天之内一般不浇水，要中耕松土，以便增温、保墒，使棚室内的温度达到30℃～32℃，以利于提高棚室的地温,促进发根缓苗,提高成活率。

第三,辣椒缓苗后至采收前肥水管理。前期要适当控制追肥浇水,到门椒长至直径 3～4 厘米(长椒)或圆椒鸡蛋大小时,果实即将进入迅速膨大期,这时就要开始追肥浇水。每 667 米² 追施三元复合肥 15～20 千克。为了保证坐果和果实快速肥大,除了喷涂激素防止落花落果,促进果实加快生长外,还需喷施微肥,以提高植株的光合力和光合产物积累。

第四,加强盛果期管理。盛果期是指植株结 2～4 层果的时期,此期应隔 10～15 天浇 1 次水,并每隔一水追一次肥。追肥量为每次每 667 米² 施尿素 10 千克,或人粪稀 800～1 000 千克,或三元复合肥 15～20 千克;在中后期还应每 667 米² 追施硫酸钾 6～7 千克,并叶面喷施 0.5％的尿素溶液。

3. 如何进行棚室辣椒秋延后茬肥水管理?

秋延后茬棚室栽培辣椒一般在 7 月中旬播种育苗,时值高温多雨季节,应采用营养钵或穴盘护根育苗方法,育苗场地应选择地势高燥、排水良好的地块,并搭建防雨遮阳棚。营养土采用未种过茄果类蔬菜的肥沃的表层沙壤土和腐熟过筛的厩肥,按 1∶1 的比例配制,每立方米营养土加三元复合肥 0.5～1 千克、氨基酸肥 2.5 千克。播种前浇透底水。幼苗出土后从 2～3 片真叶时开始,结合喷药每 7～10 天喷 1 次 0.2％磷酸二氢钾＋0.1％尿

五、棚室辣椒各茬口土肥水管理技术

素+0.2%硫酸锌混合肥液,连喷2~3次,以促进花芽分化和提高植株抗病能力。苗期结合浇水每15~20米² 冲施40克70%敌磺钠可湿性粉剂,防治疫病。

8月上旬定植,定植前结合耕地每667米² 施腐熟鸡粪6~8米³。定植时间以傍晚时分为宜,栽植后随即浇定植水,并每667米² 冲施70%敌磺钠可湿性粉剂1.3千克,防止疫病发生。定植后原则上少浇水,多松土,减少水分蒸发,加速缓苗和生长。开花前要浇1~2次水,促进开花结果。结果前期需水较少,果实膨大期需水较多。当80%以上门椒直径长至2~3厘米时,开始浇水追肥,每667米² 追施三元复合肥15~20千克,或用冲施肥。进入盛果期,应水水带肥,交替施用三元复合肥、速效氮肥、冲施肥。结果期需要大量的水分,加之天气炎热,蒸发量大,应每隔10~15天浇1次水,浇水次数要根据辣椒的需水情况而定。要求土壤含水量保持80%左右。

4. 如何进行棚室辣椒秋冬茬肥水管理?

秋冬茬棚室辣椒栽培,前期温度高,光照好,后期温度低,光照弱,肥水管理要随着温度、光照的变化适当调整,如果肥水管理不当,就会造成烂根、沤根、叶片黄化等不良现象。

选择地势较高、排水良好、土壤疏松肥沃而且连续3年没种过茄果类作物的田块作为苗床。每平方米苗床施腐熟有机肥10千克,深翻细耙使肥料与土壤充分混合。整细搂平后做成1.5米宽的畦面,浇足底水待播,一般每平方米苗床需浇底水25升左右。每667米²栽培田需辣椒种子75~100克,需苗床35~40米²。苗床底水下渗后播种,将种子均匀撒播在苗床上,再覆盖1厘米厚细土;种子播好后,应在苗床上覆盖一层地膜保湿,再覆盖草苫遮荫降温。床土温度保持在28℃~30℃,当出苗60%~70%时,应及时揭去草苫和地膜,进入正常的夏季苗床管理。育苗期一般不需追肥,定植前1周可追施1次"出嫁肥",每667米²追施腐熟过滤的稀粪水1000千克左右,浇粪水后应及时喷清水冲洗秧苗。温度高时,水分蒸发较快,苗床缺水时,应及时补水以满足辣椒苗正常生长需要,可用细孔喷水壶多次快速喷清水湿润床面。

秋冬茬辣椒施肥应以基肥为主,每667米²施腐熟鸡粪8~10米³。追肥应看苗施用,切忌氮肥施用过量,造成辣椒营养生长过旺而落花落果,推迟坐果。结合浇水进行追肥,每次每667米²追施磷酸二铵10千克。缓苗后,追施1次缓苗肥,然后适度蹲苗。当门椒坐果并长至2~3厘米时,结合浇水追施1次肥。进入结果期,每隔10~15天追施1次肥。结果盛期,可用0.4%磷酸二氢钾加0.4%尿素溶液叶面喷施,补充营养。后期气温低,尽量少浇水、少追肥。如需要补水,则应选晴天中午进行膜下暗灌。寒冷天气,大棚要在晴天中午短时间通风,尽量降低棚内空气湿度。

5. 如何进行棚室辣椒越冬茬肥水管理?

日光温室越冬茬辣椒栽培,前期温度逐渐较低,后期

五、棚室辣椒各茬口土肥水管理技术

温度逐渐上升,在浇水施肥方面,应注意根据辣椒生育特点和温度变化适当调整。

定植前施基肥,每 667 米^2 施腐熟鸡粪 8～10 米^3。定植后缓苗前,宜向根部充分浇水,及时促发新根。成活后浇水宜少些,同时降低温度,使根系深扎,茎秆坚实生长,避免茎秆细弱徒长引起大量落花。大量开花坐果后宜多浇水。12 月下旬至翌年 2 月中旬的低温时期,植株已基本长大,光线也较弱,应控制浇水量,可 10～15 天浇 1 次水,特别强调浇水只能在上午进行。初冬定植时底墒好的可不浇缓苗水,直接蹲苗;春节前定植的,缓苗后在膜下浅沟暗浇 1～2 次水,再蹲苗,直到门椒膨大生长后,结合追肥选择晴天第一次浇水,以后根据生长和天气变化,进行小水勤浇。浇灌用水要事先预热,使水温保持在 12℃以上。

辣椒不宜大水漫灌和旱涝不均。过度干旱骤然浇水会发生落花、落果和落叶,要使土壤经常保持湿润状态,造成一个既不缺水又疏松通气的土壤环境,以利于辣椒的生长发育。门椒坐住后结合浇水每 667 米^2 追施尿素 25 千克,或磷酸二铵 20 千克。冬季浇水应在晴天上午采用膜下暗灌或滴灌,不可大水漫灌,且必须在蓄水池中预热,水温在 12℃以上。门椒采收后,结合浇水追施磷酸二铵。进入 3 月份,春季高温期到来后,如果温室内空气干燥,高温加干旱常会影响辣椒正常开花受精,引起落花。此时除了加强浇水外,还要把垄间的地膜适时揭除一部分或全部。土壤含水量以保持 50%～60% 为宜。一般认为青椒是不需要多少水分的作物,但实际上水分多时果实膨大快,产量也高。温室水分管理中,还要提防发生地表湿润泥泞而深层实际缺水的现象。浇水的间隔天数和浇水量要依据土质、植株长相来综合判断。从果实上看,如果灯笼果的果实顶部变尖或表面大量出现皱褶,则表明水分不足,应及时浇水。否则,就要影响产量。

整个结果期吸收的氮肥量占全生育期总量的57%,磷、钾肥分别占其总量的61%和69%。门椒采收之前,不仅植株不断增长,而且第二、第三层果实(对椒和四门斗椒)也在膨大生长,植株上部陆续在开花坐果,是追肥的关键时期。当门椒长至3厘米左右时结合浇水进行第一次追肥。由于辣椒对氮、钾肥有特别的嗜好,因此肥料管理应以氮、钾肥为主,每次每667 $米^2$ 追施尿素10千克、硫酸钾5～10千克或磷酸二氢钾5千克,也可每667 $米^2$ 用充分腐熟的农家肥2 000千克左右深施或浇灌。此后根据情况每浇2～3次水或每采收1次果就追1次肥,追肥的原则应掌握多次少量。结果期还应叶面追施磷酸二氢钾1 000倍液,或丰产素、叶面宝等专用叶面肥,以补充根吸肥的不足,延缓植株衰老。

6. 如何进行棚室辣椒早春茬肥水管理?

早春茬棚室辣椒栽培,定植时浇水量不宜太大,应根据土壤墒情灵活掌握。地膜覆盖辣椒栽培一般只浇定植水,不浇缓苗水,否则在高温、水分过多的条件下,易造成

五、棚室辣椒各茬口土肥水管理技术

徒长和落花、落果。

早春茬辣椒栽培每 667 米^2 施腐熟鸡粪 8～10 米^3 作基肥,并增施磷、钾肥。辣椒开始采收时可结合浇水追肥,每 667 米^2 追尿素 15 千克、硫酸钾 10 千克。以后每摘 2 次果或每浇 3 次水追 1 次肥,每次每 667 米^2 追尿素 15 千克、磷酸二铵 20 千克、硫酸钾 10 千克。地膜覆盖栽培追肥可顺畦沟撒施,并及时浇水把肥料溶化。追肥浇水要注意天气变化,阴天到来之前不宜追肥浇水。每次追肥浇水后,棚内要及时通风降湿,以免湿度过大给辣椒生长造成不利影响。辣椒盛果期每 7～10 天进行 1 次叶面喷肥,可用 0.3%～0.5%尿素溶液,或 0.5%～1%磷酸二氢钾溶液,对辣椒的丰产和提高品质有重要作用。

7. 如何进行棚室辣椒不同生长发育时期肥水管理?

(1)育苗期　从种子发芽至第一片真叶出现为发芽期,一般为 10 天左右。发芽期的幼根吸收能力很弱,养分、水分主要靠种子供给。

(2)苗期　辣椒定植前 7 天,应浇透底水,提高地温。定植后及时浇定植水,定植 7 天左右缓苗后至坐果前不需再浇水,但应使地膜覆盖下的土壤始终保持湿润状态,既不缺水,又疏松透气,利于辣椒缓苗和正常生长发育。如缓苗后发现土壤水分不足,可在膜下暗沟中浇水,水量不宜过大,浇水后应把垄端盖严,进入蹲苗期。

通常第一水和追肥结合进行(门椒膨大时)。辣椒浇水要看天气和土壤墒情,表土发白,10厘米土层见干时需浇水。12月份至翌年1月份的严寒季节尽量不追肥浇水,可叶面喷施0.2%~0.3%磷酸二氢钾溶液,5~7天1次。进入2月份,7~10天浇1次水,隔一水追1次肥。前期膜下暗灌,并顺水让化肥流入沟中。3~4月份,天气转暖后,通风量大,5~7天浇1次水,可在明沟撒施化肥后浇水。明沟浇水后应在表土见干时,浅松土保墒,不宜大水漫灌,也不宜旱涝不均。过度干旱后骤然浇水易发生落花、落果和落叶。

(3)开花坐果期 此期营养生长与生殖生长矛盾特别突出,主要通过肥水等措施调节生长与发育、营养生长与生殖生长、地上部与地下部生长的关系,达到生长与发育均衡。及时抹去第一分枝下的侧枝,如进行双干整枝,还应及时打掉多余的侧芽。门椒核桃大以前,要少浇水,多进行沟间松土,防止土壤水分过多而引起植株徒长和落花落果。当门椒长到鸡蛋大小时,进行追肥、浇水。钾肥对辣椒高产、防病效果十分明显,但要适量施用。浇水要在晴天上午,采用隔沟浇水的方法,以防降低地温。另外,盛果期后还可叶面喷施0.2%~0.3%磷酸二氢钾溶液。

六、辣椒土传病害和生理病害防治

1. 什么是辣椒土传病害？如何防治？

辣椒土传病害属根病范畴，是指由土壤传播病原物侵染引起的病害。病原物包括真菌、细菌、放线菌、线虫等，其中真菌为主要病原物。

近年来，由于日光温室辣椒生产多年连作，致使土传病害严重发生。辣椒主要土传病害有枯萎病、青枯病、疫病和根结线虫病等，生产上往往是几种病害混合发生危害，致使植株大量萎蔫、枯死。在山东省寿光市，连作5年以上的日光温室，因土传病害危害造成减产，轻者减产30%～50%，重者达70%以上，使菜农遭受严重损失。棚室辣椒生产中防治土传病害应采取以下几项措施。

(1)轮作换茬　采用与非茄果类蔬菜轮作，最好是与禾本科作物轮作，轮作3年以上有显著的防治土传病害的效果，还有平衡土壤养分的作用。

(2)高温闷棚　6月下旬至8月中旬将温室内土壤深翻25厘米以上，然后起垄，垄高30厘米、宽30～40厘米，垄间距80～100厘米，严密覆盖地膜，温室密闭棚膜，从膜下浇透水，使25厘米土层内温度达到35℃以上，保持

20天以上,达到高温灭菌效果。

(3)土壤药剂消毒　辣椒定植前20～30天,将土壤翻深25厘米,并用化学药剂消毒。可用20%石灰水+50%多菌灵可湿性粉剂800倍液,或47%春雷·王铜可湿性粉剂600倍液+58%甲霜·铜可湿性粉剂800倍液,或2%甲醛溶液+70%敌磺钠可湿性粉剂1000倍,或14%络氨铜水剂400倍液+58%甲霜·锰锌可湿性粉剂800倍液,均匀喷洒。

(4)基质栽培　土传病害特别严重的温室,可采取基质栽培。生产中常用的基质有:有机基质、无机基质、有机无机混合基质,常见的栽培模式有袋式栽培、槽式栽培等。

(5)平衡施肥　在施用大量有机肥作基肥的同时,每667米^{2}施生物活性有机肥100～150千克。追肥时,不要偏施氮肥,可施用三元复合肥或优质辣椒专用肥。

(6)提早预防　定植后和结果后及时用2%阿维菌素乳油1000倍液灌根,每棵250毫升,可有效预防根结线虫病的发生。零星发现植株萎蔫,应及时拔除带出棚外,并用上述药剂灌根,每隔7～10天1次,连灌2～3次。

(7)及时防治　病虫发生后,及时采取相对应措施进行有效防治。

2. 什么是辣椒根结线虫?有什么危害?

辣椒根结线虫主要危害辣椒根部,使根部多出现肿大畸形,呈鸡爪状,在辣椒的须根及侧根上出现虫害时,

六、辣椒土传病害和生理病害防治

切开根结有很小的乳白色线虫藏于其中,根结上生出的新根会再度染病,并形成根结状肿瘤。辣椒根结线虫多分布于辣椒根系所在区域,大多在3～10厘米的表土层活动。线虫危害发病严重的植株形态矮小,发育不良,甚至早衰枯死。土壤干燥、质地疏松的冬暖大棚适宜线虫活动,发病严重,长年连作的大棚发病严重,能造成辣椒减产30%～50%。

3. 生产中怎样防治辣椒根结线虫?

辣椒根结线虫防治主要包括线虫的预防和控制传播两个方面。

(1)切断传播途径　辣椒根结线虫靠自行迁移而传播的能力有限,一年内最大的移动范围为1米左右,通常只有20～30厘米。但其借助外界的力量迁移和传播的能力非常强,这种外界力量大多是人为造成的,只要采取得力措施,就可以将线虫控制在一定范围内,减缓线虫的侵染速度。

①换鞋或鞋底消毒　换鞋或鞋底消毒对切断设施与设施或设施与其他外界空间的根结线虫传播非常有效,鞋底消毒就是在温室门口放置消毒液,进入温室前鞋底消毒。在生产期间,应尽量减少无关人员的出入,必需进入棚室内者,一定要换鞋或消毒鞋底。

②旋耕机消毒　近年来,根结线虫危害越来越严重,这与大棚普遍使用旋耕机密切相关。为防止根结线虫通

过旋耕机从一个大棚传入另一个大棚,不同的大棚在使用旋耕机前要把锄轮上的土清理干净,用火、热水或消毒药剂消毒,以杀灭旋耕机上携带的根结线虫。

③人工翻地 采用铁锨进行人工翻地,可以避免旋耕机传播根结线虫,但要注意尽量不要用别的棚室内已经多次使用的铁锨,需要使用别的棚室内的铁锨时,一定要消毒,严防线虫虫卵带入传播。

④采用滴灌 同一棚室内,如果已经有小面积的线虫发生,由于线虫本身迁移传播速率较慢,短时间内不会像其他真菌类、细菌类病害那样迅速侵染。但是如果采取大水漫灌的浇水方式,线虫传播速率就会明显加快。研究表明,滴灌技术,能够减缓线虫传播速度,这是因为滴灌中肥水运输过程通过管道,大大减少了其与土壤的接触面积,滴灌施肥点周围之外的土壤线虫失去了通过漫灌借水传播的机会。

⑤高畦深沟栽培 没有条件进行滴灌栽培的地区,可采用高畦深沟栽培方式,在深沟内浇水,可有效避免串灌漫灌传播线虫。

⑥清除病根 棚室辣椒收获后,应立即清理土壤中的病残体,以减少虫口,减轻发病。同一棚室内病株残体,应采取田间原位拔除,直接运到室外处理消毒,不要将拔除的病株残体在棚室内随处乱丢,以免造成线虫大面积传播。

(2)搞好农业防治和化学防治

①选用抗根结线虫品种 选用高抗根结线虫品种是

六、辣椒土传病害和生理病害防治

防治根结线虫最根本的方法,能有效降低根结线虫发生率,在根结线虫发生严重地区的日光温室更为重要。

②采用嫁接育苗　选用抗性砧木嫁接育苗对控制根结线虫,效果非常显著。抗性砧木嫁接控制根结线虫技术已成功应用于辣椒栽培,砧木可选用托鲁巴姆,生产上多采用劈接法嫁接。托鲁巴姆砧木应比接穗辣椒早播20～25天。采用嫁接育苗方式,根结线虫防治率在90%以上,是目前为止任何一种农药均无法达到的防治效果。但在生产中应注意同茬特别是早春茬辣椒,嫁接苗比非嫁接苗应适当早植15～20天。

③土壤处理防治　高温季节将石灰氮与土壤充分混合,并加入碎草、秸秆等未腐熟有机物,然后浇水覆膜。石灰氮分解时产生的氰胺液可促进有机物的腐熟,而有机物腐熟的过程中又会产生热量,土壤在较长时间保持较高的温度,使土壤中的病原菌和根结线虫及虫卵等在短时间内失去活性,达到良好的防治效果。

6～8月份棚室辣椒夏季休闲季节,是一年中天气最热、光照最好的时间,将前茬残留物清洁出菜田,每667米^{2}施用碎草、麦秸或有机物1000～2000千克,深翻埋入土中,深度30～40厘米,深翻2遍后整平起垄,做50厘米宽畦,用薄膜将土壤表面完全封闭,封闭后从薄膜下往畦间灌满水,直至畦面充分湿润为止,但不能积水。然后将温室完全封闭,使得20厘米土层内温度达到40℃,保持7天,或37℃保持20天,即可有效杀灭土壤中的真菌、细菌、根结线虫等有害生物。消毒完成后翻耕土壤,深度以

20～30厘米为宜,避免把土壤深层的有害生物翻到地表,晾晒3～5天后即可播种或定植。

④生物药剂防治　定植前用2%阿维菌素乳油1 500倍液喷洒地面,再深翻土壤,整平做畦。定植后若有线虫,可用2%阿维菌素乳油1 500倍液灌根,每株灌药液250～400毫升。在苗期使用甲壳素400～500倍液灌根,效果比较理想。每667米^{2}用5%淡紫拟青霉颗粒剂1.5～2千克,在播种或移栽时拌干土,均匀穴施或条施在种子或幼苗附近;若增施有机肥,效果更佳。

⑤化学药剂防治　在辣椒定植前,每667米^{2}用10%噻唑磷颗粒剂1.5～2千克,拌成20千克药土,均匀撒施在畦面上,再将药土与畦面表土层(15～20厘米)充分拌匀,然后定植,可实现整个生育期的全程控害。

灭线磷是一种有机磷酸酯杀虫剂,具触杀作用,可防治线虫,还对叩头虫、蛴螬等地下害虫有杀伤作用。每667米^{2}用10%灭线磷颗粒剂4～5千克,采用开沟后,先施药覆土,再播种覆土方法,避免药剂与种子直接接触。

3%氯唑磷颗粒剂是一种高效、广谱的有机磷制剂,是防治根结线虫的有效药物。氯唑磷毒性较低,对辣椒安全,成本较低,每667米^{2}施用3～4千克。注意不要使辣椒种子或根系直接接触药物。

⑥秸秆发酵防治　利用6～8月份棚室辣椒夏季休闲的高温时间,温室内开深30厘米、宽40厘米的沟,每667米^{2}集中沟施3 000～4 000千克麦秸或玉米秸、50～60千克碳酸氢铵、5～6米^{3}鸡粪及部分表土,培成垄,覆

六、辣椒土传病害和生理病害防治

盖地膜后浇透水,并盖严棚膜,使秸秆发酵产生高温,以达到灭菌、灭虫、改土的效果,根结线虫防效可达70%。

⑦蒸汽消毒物理防治　利用蒸汽高温进行线虫防治,效果较好,且无任何污染,但需要安装特殊的蒸汽发生设备。保护地定植前,可在土壤中埋好蒸汽管,地面覆盖塑料薄膜,通过打压送入蒸汽,使25厘米地温升高至60℃以上,并保持30分钟,即可杀灭病原线虫。

(3) 综合防治技术

①加强检疫　检疫是防治辣椒根结线虫随种苗远距离传播的有效手段。

②换土　将保护地0～35厘米的土层换成无根结线虫的土壤层,对根结线虫防治有较好的效果,但工作量大。

③清洁田园　清除病根,集中销毁,以降低田间线虫密度。

④嫁接育苗　利用与抗性砧木嫁接,培育抗病壮苗进行移栽。

⑤轮作　与大葱、玉米等轮作,可在一定程度上减轻线虫危害。

⑥水淹法　对5～30厘米土层进行淤灌1～2个月,可抑制线虫的侵染和繁殖。

4. 辣椒青枯病如何防治?

(1) 症状表现　青枯病又名细菌性枯萎病,一般在成株开花期表现症状。发病初期自顶部叶片开始萎蔫,或个别分枝上的少数叶片萎蔫,白天萎蔫,早、晚可恢复正常。后期扩展至全株萎蔫,不再恢复而枯死,叶片不易脱落。一般从表现症状至全株枯死经 3 天左右。植株茎基部最先发病,但外部无明显病变,表面粗糙。在潮湿条件下,病茎上常出现水浸状条斑,后变褐色或黑褐色。纵切病茎,维管束变成褐色。横切病茎,切面呈浅褐色,挤压或保湿后病茎可见有乳白色黏液溢出。后期病株茎内中空,病茎基部皮层不易剥离,根系不腐烂。

(2)防治方法 ①适期播种。青枯病一般 6 月上中旬发生,为了避免发病高峰期与结果盛期相遇,可提早播种。②选择排水良好的沙壤土栽培,并结合土壤深翻进行土壤消毒。③与十字花科或禾本科作物轮作 4 年以上。④使用无病种子。⑤及时拔除病株。⑥在病穴上撒少许石灰消毒杀菌。⑦注意排水。青枯病病菌可随水流传播,应采用高垄窄畦栽培,并注意及时排除畦内积水。⑧整枝、松土、追肥,应在发病期前完成,发病后,特别注意不能松土锄草,如有杂草,只能用手拔除,以免伤根。⑨药剂防治。发病初期可选用 72%农用硫酸链霉素可溶性粉剂 4 000 倍液,或 77%氢氧化铜可湿性粉剂 500 倍液,或 50%代森锌可湿性粉剂 1 000 倍液,或 50%琥胶肥酸铜可湿性粉剂 500 倍液灌根,每株灌药液 500 毫升,每 10 天 1 次,连灌 3~4 次。

5. 辣椒猝倒病如何防治?

(1)症状表现 辣椒猝倒病属于苗期常见病害,轻者

六、辣椒土传病害和生理病害防治

造成幼苗成片倒伏,重者造成育苗失败。秧苗出土后,真叶尚未展开前,遭病菌侵染,茎基部出现水渍暗斑,继而绕茎扩展,逐渐缢缩呈细线状,秧苗地上部因失去支撑能力而倒伏。

(2)防治方法　①选择地势较高、排水良好的地块做苗床,并进行床土消毒。取大田土和腐熟的有机肥按6∶4混匀配制营养土,并按每立方米加80%多菌灵可湿性粉剂100克,或95%噁霉灵水剂1克,对水成3 000倍液喷洒营养土。或用25%甲霜灵可湿性粉剂9克加70%代森锰锌可湿性粉剂1克拌细土15~20千克,播种时下铺上盖,将种子夹在药土中间,防治效果明显。②加强苗床管理,保温、保湿,适当通风换气,不要在阴雨天浇水,保持苗床见干见湿。③药剂防治。发病初期喷洒722克/升霜霉威水剂400倍液,或70%代森锰锌可湿性粉剂500倍液,或15%噁霉灵水剂1 000倍液,每平方米苗床用配好的药液2~3升,每隔7~10天喷1次,连续2~3次,喷药后,可撒干土或草木灰降低苗床土层湿度。还可按每平方米苗床用4克敌磺钠粉剂,加10千克细土混匀,撒于床面。同时,灌根也是防治猝倒病的有效方法,可于发病初期用根必治可湿性粉剂1 000~1 200倍液灌根,结合用722克/升霜霉威水剂400倍液喷雾,效果很好。

6. 辣椒根腐病如何防治?

(1)症状表现　辣椒根腐病多于定植后发生。发病初期病株枝叶特别是顶部叶片稍见萎蔫,傍晚至翌日早晨恢复,症状反复数日后叶片全部萎蔫,但仍呈绿色。病株的根茎部及根部皮层呈浅褐色及深褐色腐烂,极易剥离露出木质部;横切茎观察,可见维管束变为褐色,后期潮湿时可见病部长出白色至粉红色霉层。

(2)防治方法 ①与大白菜、甘蓝、大蒜、大葱等作物实行 5 年以上的轮作。②杜绝初侵染源。不要在发病区购买秧苗,杜绝因购买秧苗而引起辣椒根腐病的传播发生。③采用垄栽,一垄栽双行,既利于提早封垄,又利于田间管理;施用充分腐熟的有机肥,中后期追肥采用配制好的复合肥母液随水冲施,或顺垄撒施后浇水;以减少人为管理造成辣椒根部受伤。④发现病株立即拔除,带出田外烧掉,然后用土拌石灰掩埋辣椒病穴。⑤有条件的可进行滴灌,不要大水漫灌,保持土壤见干见湿状态,并及时增施磷、钾肥,以增强植株抗病力。⑥药剂防治:定植时用抗枯灵可湿性粉剂 900 倍液,或噁霉灵可湿性粉剂 300 倍液浸根 10~15 分钟。定植后浇水时,随水冲施硫酸铜,每 667 米^2 用量为 1.5~2 千克,可减轻发病。发病初期用 50% 多菌灵可湿性粉剂 500 倍液,或 50% 甲基硫菌灵可湿性粉剂 500 倍液,或 75% 敌磺钠可湿性粉剂 800 倍液,每 667 米^2 喷药液 50 升,隔 7~10 天喷 1 次,连续喷 2~3 次,采果前 7 天停止用药。

7. 辣椒疫病如何防治?

(1)症状表现 辣椒疫病在辣椒苗期发生易造成幼

六、辣椒土传病害和生理病害防治

苗猝倒,在成株期发生易造成根茎腐烂和叶果青枯。近年来随辣椒保护地栽培面积的不断扩大,辣椒疫病的发生也日趋严重,不少产地该病一旦发生,轻则严重减产,重则绝收。

(2)防治方法 ①与禾本科作物进行5年以上的轮作。②选用抗病品种,目前除朝天椒较抗病外,其他品种抗病性均较差。③合理密植,改善田间通风透光条件,降低田间湿度,每667米^{2}定植3 300~3 500株为宜。④加强田间管理。施足基肥,避免偏施氮肥,适当增施磷、钾肥和微肥,不施用未腐熟的人粪尿、鸡粪等有机肥;防止大水漫灌,特别在高温条件下,严禁浇大水,以防高温、高湿加重病害。⑤药剂防治。用10%甲醛溶液浸种30分钟,也可用20%甲基立枯磷乳油1 000倍液浸种12小时,进行种子消毒。7~8月份病害严重发生期,结合浇水施药,每667米^{2}用98%硫酸铜1~1.5千克,随水冲施,有较好防治效果。发病初期用40%三乙膦酸铝可湿性粉剂500倍液,或25%甲霜灵可湿性粉剂500倍液,或50%多菌灵可湿性粉剂1 500倍液喷洒辣椒植株和地表,可有效防止再侵染,隔7~10天喷1次,连续喷2~3次。大棚冬季生产可选用一些烟剂防治,既可防病又可降低棚内湿度,效果良好。

8. 辣椒枯萎病如何防治?

(1)症状表现 辣椒枯萎病发病初期植株下部叶片

大量脱落,与地面接近的茎基部皮层呈现水渍状腐烂,地上部茎叶迅速凋萎。有时病部只在茎的一侧发展,形成一条纵向的条状坏死区,后期全株枯死。部分病株地下部根系也呈现水渍状软腐,皮层极易剥落,木质部变成暗褐色至煤烟色。在湿度大的条件下病部常产生白色或蓝绿色的霉状物。

(2)防治方法　①选用抗病品种。②选择排水良好的壤土或沙壤土地块栽培。③采用高畦栽培方法,并注意不要伤根。④与非茄科作物实行 5 年以上轮作。⑤发病初期喷施 50％多菌灵可湿性粉剂 500 倍液,或 70％甲基硫菌灵可湿性粉剂 600 倍液,或 40％多·硫悬浮剂 600 倍液,或 14％络氨铜水剂 300 倍液。发病严重时可用以上药液灌根,每株灌药液 0.4～0.5 千克,视病情连续灌 2～3 次。也可用 50％甲基硫菌灵可湿性粉剂 1 000 倍液淋茎灌根。

9. 辣椒日灼病如何防治?

(1)症状表现　果实向阳面发生大片脱色斑,果实被灼伤,表现为先失水变为黄白色,与周围组织界限明显,病斑变干后呈革质、变薄,组织坏死。高湿条件下常引起炭疽病及其他腐生菌,使被灼的果面覆盖黑色霉状物。

(2)发生原因　植株生长不良,枝叶层不能遮蔽果实,当气温达到 32℃时,暴露在日光下的果实被灼伤。土壤缺水,或病毒、蚜螨危害,以及植株过稀都会引发日

六、辣椒土传病害和生理病害防治

灼病。

(3)防治方法　①培育健壮幼苗,定植后加强肥水管理,大量结果时封垄,使果实有枝叶覆盖,并注意南北行种植。②适度培土,防止倒伏,对已倒伏的要及时扶正。③防治蚜虫和红蜘蛛等病虫伤害叶片。

10. 辣椒脐腐病如何防治?

(1)症状表现　发生于辣椒果脐部,病部变褐,后期因腐生菌侵入脐部变黑或腐烂,失去食用价值。

(2)发生原因　由于土壤缺钙或因浇水不及时,造成土壤干旱,影响钙的吸收而发生此病。土壤盐基含量高,尤其是沙性较大的土壤供钙不足。在盐渍化土壤上,虽然土壤含钙量较多,但因土壤可溶性盐类浓度高,根系对钙的吸收受阻,也会缺钙。施用铵态氮肥或钾肥过多也会阻碍植株对钙的吸收,诱发病害。

(3)防治方法　①均衡供水,及时浇水,经常保持地面湿润,使土壤中钙质随水分吸收而运送到需要部位。避免土壤湿度剧烈变化,否则容易引起脐腐病和裂果。②补施钙肥。可叶面喷洒1%过磷酸钙浸出液,或氯化钙1000倍液,或0.2%~0.3%石灰水,也可每667米^{2}施石灰60~100千克。③科学施肥。在沙性较强的土壤上每茬都应多施腐熟鸡粪,如果土壤出现酸化现象,应施用一定量的石灰,避免一次性大量施用铵态氮肥和钾肥。

11. 辣椒变形果如何防治?

(1)**症状表现** 果实不正、小型果、僵果等失去或降低商品价值的果实。

(2)**发生原因** ①受精不完全。同一果内受精完全部分发育正常,未受精或受精不良部分不能正常发育,而造成果形不正。②温度不适。辣椒花粉发芽适宜温度为20℃～30℃,气温过高或过低,会导致果形不正;低于13℃不能正常受精,形成僵果。③受精不良。如雌蕊比雄蕊短的花授粉困难,易落花,坐住的果也是单性结实的变形果。④环境影响。低温影响养分吸收,变形果多;土壤水分不足,长势弱,会造成落果和变形果。

(3)**防治方法** 在辣椒开花授粉期,加强温度管理,白天控制在23℃～30℃,夜间控制在18℃左右,地温控制在20℃左右,促进正常授粉和受精。生育期加强肥水管理,合理整枝,保持长势旺盛,也可减少变形果发生。

12. 辣椒落花、落果、落叶如何防治?

(1)**症状表现** 每株辣椒开花数十个,花有上位、中位、下位之分。正常情况下位花大多能结果,中位花也可正常结果,上位花脱落比较严重。辣椒花果具有一定的自然脱落率,生长过程中不利因素影响,也会造成落花、落果甚至落叶。

(2)发生原因 ①生理落花、落果。开花授粉时遇到低温、高温、光照不足和土壤水分不足时易发生生理落花、落果。②病理落花、落果。如病毒病不仅造成落花、落果,还可造成大量落叶。另外,疮痂病、枯萎病、棉铃虫、烟青虫等病虫危害都会造成落花、落果。③氮肥过多、徒长、缺素也是引起落花、落果、落叶原因之一。④正常花位应距植株顶部10厘米,果位距顶部25厘米。当果位距顶部超过25厘米时,果小,是光照不足,夜温过高,氮肥或浇水过多造成的。当果位距顶部小于10厘米时,是营养生长受抑,夜温低、缺水缺肥、结果过多,根系发育不良造成的。

(3)防治方法 ①适当调节棚室内温度和光照,避免出现高温和光照不足。②加强病害防治,减少因病害造成的落花、落叶。③合理施肥,施用腐熟的有机肥,增施磷、钾肥,氮肥不能一次施用太多。④加强温室通风换气,保证空气流通。⑤适量浇水,不可过多或过少。⑥培育壮苗,平衡协调营养生长和生殖生长。前期注意控水控肥,促进根系生长,后期加强肥水管理,促进果实膨大。⑦及早预防病毒病、炭疽病、叶斑病、茶黄螨、烟青虫等病虫害的发生。

13. 辣椒沤根如何防治?

(1)症状表现 发生沤根的幼苗,长时间不发新根,不定根少或完全没有,原有根皮发黄呈锈褐色,并逐渐腐烂。沤根初期,幼苗叶片变薄,阳光照射后白天萎蔫,叶缘焦枯,逐渐整株枯死,病苗极易从土中拔起。

(2)发生原因　沤根多发生在幼苗发育前期。辣椒苗沤根的主要原因是苗床土壤湿度过高,或遇连阴雨雪天气,床温长时间低于13℃,光照不足,土壤过湿缺氧,妨碍根系正常发育,甚至超越根系耐受限度,使根系逐渐变褐死亡。

(3)防治方法　①宜选地势高、排水良好、背风向阳的地段作为苗床地。②床土需增施有机肥兼配磷、钾肥。③注意天气变化,加强通风换气,可撒干细土或草木灰降低床内湿度。④采用双层塑料薄膜覆盖,夜间可加盖草苫保温。

14. 辣椒烧根如何防治?

(1)症状表现　烧根现象多发生在幼苗出土期和幼苗出土后的一段时间。

(2)发生原因　苗床培养土中施肥过多,肥料浓度高则易产生生理干旱性烧根。施入未腐熟有机肥,经灌水和覆膜,地温骤增,促使有机肥发酵,产生大量热量,使根际土温剧增,也易导致烧根。播后覆土太薄,种子发芽生根后床温高,表土干燥,也易形成烧根或烧芽。

(3)防治方法　①苗床应施用充分腐熟的有机肥。②应适当少施氮肥。③肥料施入苗床后要同床土掺和均匀,整平畦面,使床土虚实一致,并浇足底水。④播后覆

六、辣椒土传病害和生理病害防治

土要适宜,消除土壤烧根因素。⑤出苗后宜选择晴天中午及时浇清水,稀释土壤溶液,随后覆盖细土,封闭苗床,中午注意苗床遮荫,促使增生新根。

15. 辣椒烧苗如何防治?

(1) *症状表现* 烧苗之初,幼叶出现萎蔫,幼苗变软、弯曲,进而整株叶片萎蔫,幼茎下垂,随高温时间延长,根系受害,整株死亡。

(2) *发生原因* 多发生在气温多变的育苗中期,因前期气温低,后期白天全揭膜,一般不易发生烧苗。高温是发生烧苗的主要条件,尤其是幼苗生长的中期,晴天中午若不及时揭膜,实施通风降温,温度会迅速上升,当床温高达40℃以上时,容易产生烧苗现象。苗床湿度大烧苗轻,湿度小烧苗则重。

(3) *防治方法* 注意天气预报,晴天要适时适量做好苗床通风管理,使床温白天保持在20℃～25℃。若刚发生烧苗,宜及时进行苗床遮荫,待高温过后床温降至适温可逐渐通风,并可适量从苗床一端闭膜浇水,夜间揭除遮阳物,翌日再正常通风。

16. 辣椒闪苗如何防治?

(1) *症状表现* 揭膜之后,幼苗很快发生萎蔫现象,继而叶缘上卷,叶片局部或全部变白干枯,但茎部尚好,严重时也会造成幼苗整株干枯死亡。

(2)发生原因 当苗床内外温差较大,且床温超过30℃以上时,猛然大量通风,空气流动加速,引起叶片蒸发量剧增,失水过多,形成生理性干枯。因冷风进入床内,幼苗在较高的温度下骤遇寒流,也会很快产生叶片萎蔫现象,进而干枯,亦称冷风闪苗或"冷闪"。

(3)防治方法 当床温上升至20℃时,要适时正确通风,一般随气温升高通风量由小渐大,通风口由少增多。通风量的大小应使苗床温度保持在幼苗生长适宜范围内为准,并要准确选择通风口的方位,使通风口在背风一面为好。

17. 辣椒僵苗如何防治?

(1)症状表现 僵苗又叫小老苗,是苗床土壤管理不良和苗床结构不合理造成的一种生理病害。幼苗生长发育迟缓,苗株瘦弱,叶片黄小,茎秆细硬,并显紫色,虽然苗龄不大,但看似如同老苗一样,故称"小老苗"。

(2)发生原因 ①苗床土壤施肥不足,肥力低下,尤其缺乏氮肥。②土壤干旱、土壤质地黏重等不良栽培因素易形成僵苗。③透气性好,但保肥保水很差的土壤,如沙壤土育苗,易形成小老苗。④育苗床上的拱棚低矮,也易形成小老苗。

(3)防治方法 ①选择保肥保水力好的壤土作为育苗场地。②配制床土时,要施足腐熟的有机肥料,也要施

六、辣椒土传病害和生理病害防治

足幼苗发育所需的氮、磷、钾营养,尤其是氮素肥料。③浇足浇透底墒水,适时巧浇苗期水,使床内土壤含水量保持70%～80%。

18. 辣椒徒长苗如何防治?

徒长是苗期常见的生长发育失常现象。徒长苗缺乏抵御自然灾害的能力,极易遭受病菌侵染,同时延缓发育,使花芽分化及开花期后延,容易造成落蕾、落花及落果。

(1)症状表现 幼苗茎秆细高、节间拉长、茎色黄绿,叶片质地松软、变薄、色泽黄绿,根系细弱。

(2)发生原因 温度高,特别是夜温高。晴天苗床通风不及时、床温偏高、湿度过大、播种密度和定苗密度过大、氮肥施用过量等,是形成徒长苗的主要因素。此外,阴雨天过多、光照不足也易造成徒长。

(3)防治方法 ①依据幼苗各生育阶段特点进行通风,尤其是晴天中午注意通风。②苗床湿度过大时,除加强通风排湿外,可在育苗初期向床内撒细干土。③依苗龄变化,适时间苗定苗,以避免幼苗相互拥挤。④光照不足时宜延长揭膜见光时间。⑤如有徒长现象,可用矮壮素200毫克/升溶液叶面喷雾,苗期喷施2次,可控制徒长,增加茎粗,并促进根系发育。⑥夜温不能太高,应控制在15℃～18℃。

19. 辣椒生理性卷叶如何防治?

(1) 症状表现　发生生理性卷叶时,辣椒叶片纵向上卷,呈筒状、变厚、变脆、变硬。卷叶减少了叶片光合作用面积,对产量有影响。

(2) 发生原因　土壤干旱、空气干燥或过量偏施氮肥是主要原因。土壤中缺铁、缺锰等微量元素也可导致辣椒生理性卷叶。

(3) 防治方法　①发生缺素所致的卷叶,可对症喷施复合微肥。②保护地辣椒在高温时,要及时通风。③空气干燥造成卷叶时可在田间喷水或浇水。④适时、均匀浇水,避免土壤过干过湿。

20. 辣椒叶片扭曲如何防治?

(1) 症状表现　主要表现在植株上部。发病时易出现植株生长发育停止、叶柄和叶脉硬化、容易折断、叶片发生扭曲、花蕾脱落等现象。

(2) 发生原因　由植株缺硼引发。土壤酸化,硼被大量淋失或施用过量石灰都易引起硼缺乏。土壤干旱、有机肥施用少、高温等条件下也容易发生缺硼。钾肥施用过量,可抑制植株对硼的吸收。

(3) 防治方法　①增施有机肥,尤其要多施腐熟的厩肥,厩肥中含硼较多,而且可使土壤肥沃,增强土壤保水

六、辣椒土传病害和生理病害防治

能力,减少干旱危害,促进根系扩展,并可促进植株对硼的吸收。适当增施硼肥。②出现缺硼症状时,应及时向叶面喷洒 0.1%~0.2% 硼砂溶液,每隔 7~10 天 1 次,连喷 2~3 次。也可每 667 米^2 撒施或随水追施硼砂 0.5~0.8 千克。③土壤酸碱度以中性或稍酸性为好,防止土壤酸化或碱化。④合理灌溉,防止土壤干旱或过湿,影响根系对硼的吸收。

21. 辣椒僵果如何防治?

(1)*症状表现* 辣椒僵果又称石果、单性果或雌性果。早期呈小柿饼状,后期果实呈草莓形。皮厚肉硬、色泽光亮、柄长、果内无籽或少籽、无辣味、果实不膨大,环境适宜后僵果也不再发育。

(2)*发生原因* 果实由于缺乏生长雌激素,对锌、硼、钾等元素的吸收受阻,故果实不膨大,久而久之就形成僵果。春季棚室辣椒栽培时,僵果主要发生在花芽分化期,植株受干旱、病害、温度不适等因素(13℃以下或 35℃以上)影响,形成短柱头花,花粉不能正常生长和散发,雌蕊不能正常授粉受精,而长成单性果。越冬辣椒在 12 月份至翌年 4 月份均易产生僵果。

(3)*防治方法* ①选用冬性强的品种,播种前,种子要用高锰酸钾 1 000 倍液浸种,杀灭病菌。②越冬辣椒定植时,应使营养钵土坨与地面持平,然后覆土 3~4 厘米厚。③适时分苗。待辣椒 2~4 片真叶时及时分苗,谨防分苗过迟损伤根系,从而影响花芽分化时的养分供应,形成瘦小花和不完全花。分苗时用硫酸锌 700~1 000 倍液浇根,促进根系生长,提高吸收和抗逆能力。④在花芽分化期和授粉受精期棚室气温白天控制在 23℃~30℃,夜间控制在 15℃~18 ℃,地温控制在 17℃~26 ℃,土壤含水量相当于最大持水量的 65%。